一般社団法人日本ガチャガチャ協会
代表理事

小野尾 勝彦
Onoo Katsuhiko

ガチャガチャの経済学

プレジデント社

はじめに　～大人もはまるガチャガチャの世界～

みなさん、はじめまして。日本ガチャガチャ協会の小野尾勝彦と申します。これまで約30年間にわたり、ガチャガチャのビジネスに携わってきました。この度、プレジデント社からご縁をいただき、ガチャガチャについて、初めて本格的に「ビジネス」という観点から解説する書籍を出版することとなりました。

タイトルを見てこの本を手に取った方には今さら無用の質問ですが、「ガチャガチャ」と聞いて、何を連想されるでしょうか。

そうです。コインを挿入した後にハンドルを回すと、玩具や雑貨などが入ったカプセルがランダムに出てくる、「ガチャガチャ」と呼ばれる小型自動販売機です。おそらく現在60歳以下の方であれば、どなたでも子どもの頃に楽しんだ経験があるのではないでしょうか。

人によっては「ガチャポン」という呼び名のほうが親しみあるかもしれませんし、メーカーによっては「ガシャポン」（バンダイ）や「ガチャ」（タカラトミーアーツ）という登録商標でサービスを展開しています。メディアではこれらを総称して「カプセルトイ」あるいは「カプセル玩具」という呼び方をすることが一般的です。しかし、近年はカプセルの中身が必ずしも玩具に限定されず、大人向けの雑貨、精巧なフィギュアやミニチュア、はたまた〝カプセルに入る物ならなんでもあり〟という実にバラエティ豊かな世界になっているため、正確な表現とは言えない状況になっています。

このような理由から、私は自分自身が子どもだった頃から馴染みがあり、同時におそらく日本の老若男女の間で最も浸透しているであろう「ガチャガチャ」という呼び名をこの本では採用しています。特に使い分けをする必要がないかぎり、全編「ガチャガチャ」で統一していますので、どうかご了承ください。

さて、ここ数年の間、ガチャガチャのマーケットが異様な盛り上がりを見せていることを、多くの方々がご存知ではないでしょうか。

そして、おそらく次のような体験をされていると思います。

「買い物をするためにショッピングモールを訪れたら、今までアパレルショップが入っていたスペースが、ガチャガチャの専門店に変わっていた」

「子どもだけでなく、大人の女性が楽しんでいるのを見かける」

「昔のイメージだとキャラクターグッズが中心だったが、最近は雑貨や精巧なミニチュアなど、バラエティが豊かになって、自分でも思わず欲しくなった」

「100円や200円だと思っていたら、今は300円や400円が主流で、中には1000円のものもあり、びっくりした」

「昔は駄菓子屋の店先にマシーンが置かれていたイメージが強かったが、最近は駅の構内や映画館、博物館、書店、神社など、あらゆるところで見かけるようになった」

「空港や観光地で外国人が楽しそうに回しているのを見かける」

「SNSでガチャガチャの写真をアップした投稿をよく見かける」
「テレビの情報番組や雑誌などでガチャガチャブームに関する特集をよく見かける」

以上挙げた動きは、どれもこの数年以内に顕著になったものです。とくに2020年以降の新型コロナウイルスの感染拡大がもたらした外出制限や営業自粛によって、ショッピングモール内に大規模なガチャガチャコーナーや専門店が出現したことで、ガチャガチャが何だかすごいことになっていると多くの方々が実感することとなったのではないでしょうか。

「なぜ今、日本でガチャガチャが盛り上がっているのか」

取材などで必ず聞かれる質問ですが、私にとっても一口で説明するのは簡単ではありません。

「コロナでテナントが退去した後、人件費や電気代をかけずに低コストで穴埋めができるからでしょ」

このような考え方をする人も多いです。間違いではありませんが、十分とは言えません。なぜなら、本文で詳しく説明しますが、それ以前からガチャガチャ市場は右肩上がりの成長を示していたからです。コロナは1つのファクターにすぎません。

日本でガチャガチャが盛り上がっている背景には、様々な理由があります。日本人の宗教観、手先の器用さとものづくりへのこだわり、キャラクターグッズや小物好きなどの国民性、中国の安価で豊富な労働力のおかげで実現した低コストと高クオリティの両立、モノ消費からコト消費へのシフト、海外工場とメーカー間のサプライチェーンの確立など、ガチャガチャが初めて日本に導入された約60年前から何度かのブームを経て、その歴史は現在に至るまで連綿と築かれたものです。決して一過性のブームではないのです。

ここで私のプロフィールについて簡単にご紹介します。1965年に千葉県の船橋市で生まれました。実は1965年というのは日本の「ガチャガチャ元年」として業界関係者に広く認識されている年です。由来については本文で詳しく説明しますが、この「ガチャガチャ元年」に生を受けたことに私は運命的なものを感じています。

大学卒業後、プラスチック原料の商社勤務を経て、29歳だった1994年、「100円に夢をかけませんか?」という転職雑誌のメッセージに惹かれて、玩具や雑貨のメーカーである株式会社ユージン(後に株式会社タカラトミーアーツに改称)に転職し、ガチャガチャビジネスとの関わりが始まりました。現在はバンダイに次いでガチャガチャ業界第2位のシェアを持つタカラトミーアーツですが、私が転職した当時の社員数は18名、ガチャガチャ部門に至っては私を入れてわずか3名という小所帯でした。

以来、25年間にわたってタカラトミーグループでガチャガチャのビジネスに携わり、2019年に独立して「築地ファクトリー」というガチャガチャビジネスのコンサルティング会社を立ち上げました。日本には現在、ガチャガチャのメーカーが約40社あり、そのうちの何社かのお手伝いをしているほか、最近は自社のブランディングの一環としてガチャガチャの活用に興味を持っている企業、あるいは町おこしの手段としてガチャガチャに興味のあるいくつかの自治体のお手伝いをしています。

また、コンサルティング活動とは別個に「日本ガチャガチャ協会」という任意団体を立ち上げて、

2022年6月に一般社団法人化しました。こちらでは、中立的な立場でガチャガチャに関する様々なお問い合わせに対応しています。おかげさまで最近は取材や出演、講演などの機会も増えてきました。その他には、ガチャガチャ業界関係者の交流を図ったり、ガチャガチャ業界のことをもっと知ってもらいたいという思いで、メーカーやクリエイターをゲストに招いた「渋谷ガチャガチャナイト」というイベントを年に数回開催していたりします。それから「ガチャガチャラボ」(https://japangachagachalab1965.com/)というサイトを運営し、ガチャガチャの歴史について紹介しています。

まさに日々、「ガチャガチャのことを考えない日はない」状態です。

こんな私が今回、出版社からお声がけをいただき、書籍を執筆する運びとなりました。

毎月300〜400シリーズが発売される各メーカーの新商品をチェックしたり、インターネットを使って地方で自発的に生まれるガチャガチャの情報を集めたりするなど、「ガチャガチャの伝道師」を自認する私ですが、すべての情報をフォローすることは最早不可能であり、今日本で起こっているガチャガチャの動きをすべて熟知しているわけではありません。

しかし、これまで約30年、そして現在も現役のビジネスパーソンとしてガチャガチャビジネスに携わっていること、および日本ガチャガチャ協会の代表理事として多くの企業や関係者と交流させていただいていることで、一般にはあまり知られていない業界の歴史や仕組み、現在や未来のトレンドについて、ある程度は体系だって説明できるという自負はあります。

今回、私に書籍執筆の白羽の矢が立ったのも、そのような理由からだと思います。大役ですが、これまでメディアや講演などで発信してきた情報をまとめるいい機会と思い、喜んで引き受けさせていただきました。

本書は現在ガチャガチャビジネスに何らかの形で携わっている方々、これから参入してみたいと考えている方々、そしてガチャガチャを愛する方々を主なターゲットにしていますが、一方でガチャガチャ自体にそれほど興味のない人にも読んでもらいたいという思いがあります。

なぜなら、元々はアメリカで生まれたガチャガチャが、日本で現在のような独自の進化を遂げた背景、およびデフレやコロナなどで多くの企業が苦境にあえぐなかで数少ない成長産業であることには、他業界の方々にとっても多くのヒントが隠されていると思うからです。数百円のカプセルの中には無限の可能性が詰まっているのです。

そのため、今回は私以外にも、日頃懇意にしてくださっているガチャガチャメーカー、クリエイター、専門店経営者など、多くの方々にも登場していただきました。

本書が多くの読者にとって何らかの参考になれば、著者としてこれほどうれしいことはありません。

2023年8月吉日　一般社団法人日本ガチャガチャ協会　代表理事

小野尾勝彦

CONTENTS 目次

第1章 市場規模は610億円へ！ コロナ禍でも急成長したガチャガチャビジネス

第2章

誰がつくって、誰が売っている？ 知られざるガチャガチャビジネスのしくみ

第3章

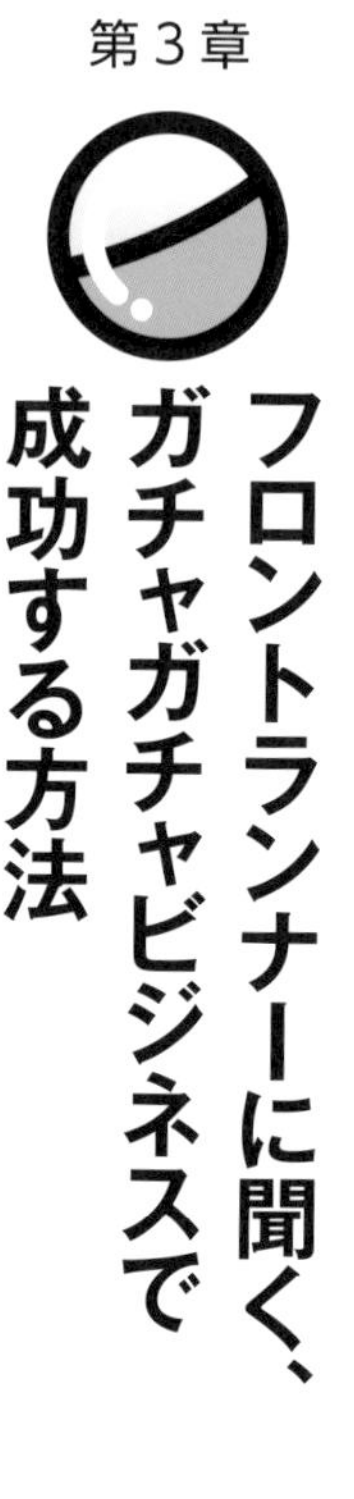

フロントランナーに聞く、ガチャガチャビジネスで成功する方法

第4章

カプセルレス、キャッシュレスも登場！ 進化を続けるガチャガチャビジネス最新トレンド

※「ガシャポン」は株式会社バンダイ、「ガチャ」は株式会社タカラトミーアーツの登録商標です。
※本書記載の内容は2023年7月31日時点の情報に基づきます。

第1章

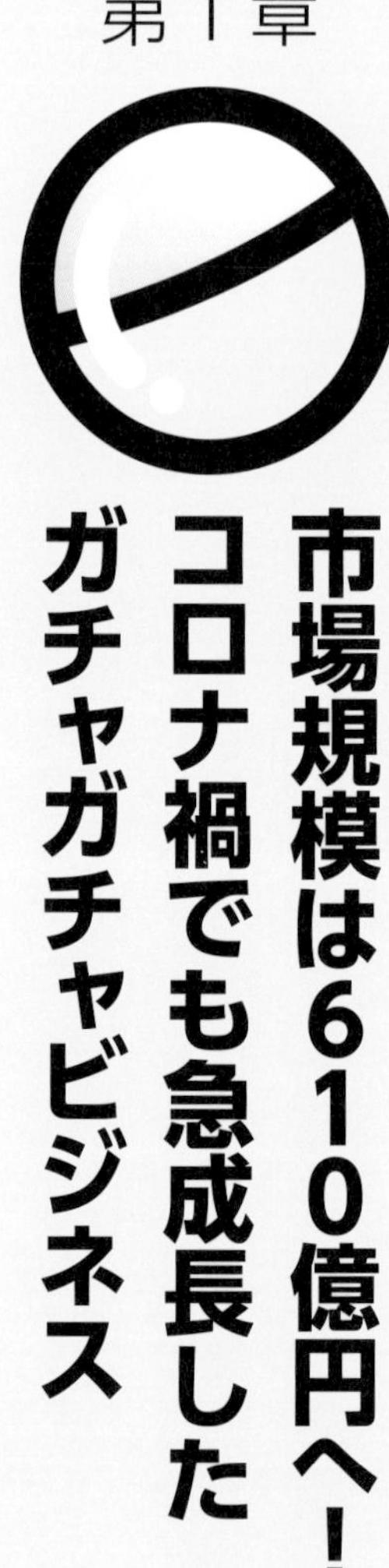

市場規模は610億円へ！
コロナ禍でも急成長した
ガチャガチャビジネス

gashacoco
アニマル
ANIMAL
ココ
本屋さんの
ガシャポ
CAPSULE TOY STORE
capsule toy shop
防犯カメラ作動中
CCTV SYSTEM ON
Dream Capsule

1 「専門店の登場」「女性ファンの急増」ガチャガチャ市場をけん引する二大要因

カラオケ市場やレトルトカレー市場を抜いた？

去る2023年6月8日、「東京おもちゃショー2023」の会場で、2022年度のカプセルトイの市場規模が一般社団法人日本玩具協会によって発表されました。その数字は過去最大の610億円。2021年度が450億円でしたので、前年比で35・6％ものアップとなりました。また、10年前の2012年度は270億円でしたので、この10年間で市場は2倍以上に拡大したことになります（図表1）。

ガチャガチャ業界の市場規模を把握するための公式なデータとしては、現時点でこの日本玩具協会が毎年発表しているカプセルトイ市場規模が最も参考にできるものだと思っています。この数値は日本玩具協会に加入しているガチャガチャ関連企業の売上を合算したものですが、市場の7割を占めている業界第1位のバンダイと第2位のタカラトミーアーツの数字が反映されているからです。

ただし、現在約40社存在すると言われているガチャガチャメーカーの大半は日本玩具協会には加盟していないため、実際の市場規模は610億円よりも大きいと言えるでしょう。

さて、この「市場規模６１０億円」という数字に対する受け止め方は、人それぞれだと思います。「すごい！」と驚いた人もいれば、「えっ、まだその程度なの」と感じた人もいるでしょう。

各業界の市場規模は、メディアやシンクタンクなどで調査や分析に携わっている人でなければ普段あまり意識することはないかもしれません。たとえば、自動車産業は63・９兆円（２０２１‐２２、業界動向サーチ）とガチャガチャ市場のなんと１０００倍、比較することさえおこがましいほど大きな市場規模です。

そこで、ガチャガチャに比較的近い業種の市場規模を調べてみると、ガチャガチャと並んで近年人気の高いクレーンゲーム（ＵＦＯキャッチャー）の市場規模は約２２３０億円（２０２１年、日本アミューズメント産業協会）と、ガチャガチャの約４倍です。クレーンゲームはガチャガチャと違って景品を取れるまでお金を使う人が多いため、市場規模が約４倍

図表１　カプセルトイ市場規模推移

出所：一般社団法人日本玩具協会

というのはなんとなく理解できる気がします。

一方、カラオケ業界の市場規模は、3年にわたるコロナ禍によって半減し、約580億円（2021-22、業界動向サーチ）とガチャガチャ市場が上回りました。同様に、同年のレトルトカレーの市場規模は約533億円（2020年、インテージ）と、こちらもガチャガチャ市場が上回りました。

自動車市場には足元も及ばないが、カラオケやレトルトカレーの市場規模は上回っている。現在のガチャガチャ市場の規模感について、なんとなくおわかりいただけたでしょうか。

マシーンの台数は郵便ポストの3倍以上

次に現在のガチャガチャ市場のデータを個別に見てみましょう。

全国に置かれたマシーン（業界では筐体（きょうたい）と呼ばれることが多いですが、本書ではわかりやすくマシーンと呼びます）の設置台数は推定60万台強（参考：郵便ポストは18万台）、設置場所が推定7万カ所（参考：コンビニは約5万7000店舗）と言われています。そのうち、近年増えている「ガチャガチャの森」「ガシャポンのデパート」「ガシャココ」「ガチャステ」「#C-pla（シープラ）」「ドリームカプセル」「ガチャ処（どころ）」などのガチャガチャ専門店が推定で500店舗ぐらいあります。また、ガチャガチャの中身をつくっているメーカーは現在約40社まで増えています。

専門店とメーカーがともに増えた結果、毎月リリースされる新商品の数は平均300シリーズぐらい、多いときは400シリーズぐらいまで増えています（1シリーズは5～10種類）。

商品の年間の生産数量は推定2億2000万個で、そのうち最大手のバンダイが1億個ぐらいを生産しています。残りの1億2000万個のうち、業界2位のタカラトミーアーツが6000万個ぐらい、残りを他の30数社で生産していることになります（2021年日本ガチャガチャ協会推定）。

現在のガチャガチャ市場を支えるのは大人の女性

次に、現在のガチャガチャの購入者のトレンドについて説明します。

近年のガチャガチャ市場の盛り上がりを語る上で、欠かすことができないのは、20～30代の若い女性客の増加です。

年配の方には「ガチャガチャ＝子ども向けの玩具」というイメージが強いかもしれません。たしかに現在の子どもたちの間でもガチャガチャは人気です。しかし、少子化で子どもの数が減っている状況で子どもの客だけで市場が拡大することはありえません。むしろ昨今のガチャガチャ市場は大人の女性客の増加によって拡大しているのが現実なのです。

ハピネットが2023年1月に発表した「カプセルトイの大人需要実態調査」によると、女性の場合は20代の51・9％、30代の50・3％が、大人になってからカプセルトイを購入していると答えています（図表2）。ちなみの同年代の男性の場合は20代の37・4％、30代の32・4％が同様の回答をしています。それ以外の年代でも3割以上の人々が大人になってからカプセルトイを購入していることをこのアンケート結果から知ることができます。

オリジナルものが市場拡大をけん引する

ガチャガチャといえば、元々子ども向けだったということもあり、『ウルトラマン』『仮面ライダー』『キン肉マン』『ガンダム』『ドラゴンボール』『ポケットモンスター』『プリキュア』『妖怪ウォッチ』『ディズニー』、最近は『鬼滅の刃』『呪術廻戦』など国内外の著名キャラクターのライセンスを受けた、いわゆるキャラクターものが定番中の定番です。これは現在も変わりません（図表3）。

しかし、この10年間は、著名キャラクターに頼らないガチャガチャオリジナルの「ノンキャラもの」、あるいはそもそもキャラクターに頼らない雑貨やミニチュアなどの比重が増えています。そのきっかけとなったのが２０１２年の発売開始以来、現在までに累計２０００万個というガチャガチャ史上に残る大ヒットとなった『コップのフチ子』シリーズです。

図表２　カプセルトイの購入経験

		子どもの頃購入したことがあり、大人になってからも購入している	子どもの頃購入したことはないが、大人になってからは購入している	子どもの頃購入したことがあり、大人になってからは購入していない	購入したいと思ったことはあるが、購入したことがない	購入したいと思ったことがなく、購入したこともない	カプセルトイを知らない
全体		24.7%	7.7%	26.9%	6.4%	20.1%	14.2%
男性	20～29歳	31.5%	5.9%	26.2%	4.9%	7.2%	24.3%
	30～39歳	25.7%	6.7%	27.3%	4.9%	10.2%	25.2%
	40～49歳	27.4%	5.1%	33.7%	4.1%	13.9%	15.7%
	50～59歳	23.2%	5.5%	44.0%	4.8%	14.0%	8.5%
	60歳以上	8.8%	8.8%	21.1%	10.8%	38.3%	12.2%
女性	20～29歳	43.7%	8.2%	23.9%	4.5%	4.7%	15.0%
	30～39歳	43.9%	6.4%	25.9%	3.2%	7.5%	13.0%
	40～49歳	31.0%	7.6%	28.2%	5.1%	16.1%	12.1%
	50～59歳	27.6%	7.9%	26.9%	6.2%	19.6%	11.8%
	60歳以上	8.5%	13.8%	13.1%	8.8%	42.7%	13.1%

出所：株式会社ハピネット「カプセルトイの大人需要実態調査」（2023年1月）

図表３　好きなカプセルトイ

		キャラクター	フィギュア	リアル ミニチュア	アニマル・生き物	企業コラボ	ネタ・オモシロ グッズ
全体		**65.0%**	**34.1%**	**28.2%**	**24.3%**	**23.2%**	**20.0%**
男性	20〜29歳	73.2%	41.1%	17.9%	17.9%	30.4%	10.7%
	30〜39歳	62.5%	48.2%	30.4%	30.4%	35.7%	16.1%
	40〜49歳	67.9%	49.2%	21.4%	19.6%	14.3%	32.1%
	50〜59歳	67.9%	41.1%	26.8%	17.9%	23.2%	14.3%
	60歳以上	53.6%	41.1%	30.4%	19.6%	14.3%	25.0%
女性	20〜29歳	69.6%	23.2%	37.5%	21.4%	23.2%	21.4%
	30〜39歳	78.6%	25.0%	37.5%	23.2%	26.8%	19.6%
	40〜49歳	71.4%	33.9%	35.7%	32.1%	30.4%	26.8%
	50〜59歳	64.3%	16.1%	17.9%	32.1%	17.9%	17.9%
	60歳以上	41.1%	28.6%	26.8%	28.6%	16.1%	16.1%

		実用・便利 グッズ	食べもの	ぬいぐるみ・スクイーズ	乗り物	その他	特にない
全体		**19.6%**	**19.5%**	**19.1%**	**15.0%**	**1.4%**	**5.9%**
男性	20〜29歳	17.9%	23.2%	23.2%	21.4%	0.0%	3.6%
	30〜39歳	21.4%	25.0%	23.2%	30.4%	3.6%	1.8%
	40〜49歳	19.6%	10.7%	12.5%	12.5%	0.0%	3.6%
	50〜59歳	8.9%	10.7%	7.1%	19.6%	0.0%	5.4%
	60歳以上	23.2%	12.5%	10.7%	25.0%	0.0%	14.3%
女性	20〜29歳	21.4%	25.0%	19.6%	10.7%	3.6%	3.6%
	30〜39歳	19.6%	21.4%	32.1%	8.9%	0.0%	1.8%
	40〜49歳	30.4%	26.8%	19.6%	7.1%	3.6%	1.8%
	50〜59歳	14.3%	17.9%	19.6%	3.6%	3.6%	10.7%
	60歳以上	19.6%	21.4%	23.2%	10.7%	0.0%	12.5%

出所：株式会社ハピネット「カプセルトイの大人需要実態調査」（2023年1月）

この『コップのフチ子』について簡単に説明すると、当時設立6年目の新興メーカーであった奇譚クラブが、マンガ家のタナカカツキさんとのコラボで生み出したOL風の女性のフィギュアです。「コップのフチに舞い降りた天使」というキャッチフレーズで、コップやカップに腰かけたポーズで飾って楽しむことができ、これが「かわいい」と若い女性の間で大ブームとなりました。ちょうどスマートフォンの普及が進んだ時期であり、自分のカップにフチ子を腰かけさせた写真をSNSにアップする人が続出し、それがまたブームに拍車をかけました。

この『コップのフチ子』の大ヒットをきっかけに、ガチャガチャオリジナルの商品が他のメーカーから続々とリリースされるようになりました。また、ガチャガチャ業界に新たな可能性を見出して、参入する企業も出てきました。

市場全体としてはまだまだキャラクターものが主流ですが、市場の拡大をけん引する役割を果たしているのはオリジナルものです。昨今のガチャガチャブームを象徴するものとしてメディアなどに取り上げられるケースが多いのも、オリジナルものの商品です。

女性を意識したガチャガチャ専門店が続々オープン

「20～30代の若い女性客」と「ガチャガチャ専門店」の増加。どちらも現在のガチャガチャ市場の拡大（第4次ブーム）を説明するのに不可欠なファクターですが、両者の間には明確な相関関係があります。

ガチャガチャ専門店の先駆者と言える「ガチャガチャの森」は、従来のガチャガチャ売り場に顕著だっ

2012年のリリース以来、シリーズ累計1500種類、総累計2000万個を超える大ヒットとなった「コップのフチ子」。ガチャガチャ発のオリジナルキャラクターであるとともに、大人の女性層への浸透、当時本格的に普及し始めたSNSとガチャガチャの親和性という意味でもエポックメイキングな商品であり、現在のガチャガチャ市場を語る上で不可欠な存在である。(©タナカカツキ／KITAN CLUB)

た〝暗い〟〝狭い〟〝オタクっぽい〟などの要素を一掃し、広い店内全体を明るい白で統一した、女性が入りやすい清潔な雰囲気を醸成した店づくりで、業界のイメージを一新しました。追随してオープンした他の専門店チェーンも内装や色使いなどに差異があるものの、基本コンセプトは共通しています。

「ガチャガチャの森」によると、同店を訪れるお客の構成比は、女性70％に対し、男性30％という比率になっています。また、年齢の構成比は20代から50代の女性が中心です。

専門店の増加による売り場面積の拡大は、急増したガチャガチャオリジナル商品を販売するためのチャネル（販路）にもなっています。実際、「ガチャガチャの森」では、販売アイテムのうち、キャラクターものとオリジナルものの比率は50％対50％と同じ割合となっているそうです。同じ専門店でも、著名キャラクターものを多く手がけるバンダイのグループ会社が経営する「ガシャポンのデパート」は必然的にキャラクターものが占める割合が多くなっていますが、バンダイも近年はトレンドを反映させたオリジナルものの比重を高めています。専門店の出現と増加によって、従来は空きスペースを活用する軒先ビジネスとしての側面が強かったガチャガチャ市場ですが、現在は単に商品を買うための「モノ消費」の場ではなく、雑貨店や100円ショップなどと同様、予定外の商品との出会いを期待して訪れて、つい買ってしまう時間を楽しむ「コト消費」の場に変貌を遂げています。

コロナで空いたスペースに専門店が続々出店

2020年から丸3年間にわたり、世界経済に多大な影響を与えた新型コロナウイルス感染症も、日本におけるガチャガチャ市場の拡大にはプラス材料となりました。

人口の多い大都市を中心に発令された緊急事態宣言では、デパートやショッピングモール内の多くの店舗が営業停止を余儀なくされました。中にはそのまま閉店に追い込まれた店舗もあります。そのために生じた空きスペースの穴埋めとして注目されたのがガチャガチャ専門店です。通常のマシーンであれば電気などの光熱費がかからず人件費も不要なので、出店コストが安く済みます。大規模な工事も必要なく約10日間で開店までこぎつけることも可能です。そして、マシーンさえ設置しておけば非接触で済むため、感染拡大とも無縁です。何よりも、商品の種類が豊富なガチャガチャは、多数のマシーンを置くだけでカラフルな空間になります。

当初はコロナで窮地に陥った施設側の消極的な理由によるガチャガチャの誘致でしたが、外出制限で遠方への旅行やテーマパークなどに出かける機会が減少する中で、食糧など生活必需品の買い出しに訪れたショッピングモール内に置かれているガチャガチャは、近場にある安価なプチエンターテインメントとして人気を得ることになりました。買い物ついでのガチャガチャが、いつしかショッピングモールを訪れる目的になったのです。

進む高価格化

現在ガチャガチャの中心価格帯は３００円となっており、２００円の商品もまだ残っている一方で、４００円、５００円の高価格商品の割合が増えています（図表４）。単純に物価の上昇という側面もありますが、子どものときに10円や20円で楽しんだ経験を持つ世代には隔世の感を禁じ得ないでしょう。

高価格化が進んでいる背景には、お客の求めるクオリティを実現するため、あるいは最初から大人をターゲットに据えているためなど、色々な理由があります。もちろん、昨今の円安傾向や中国での人件費の高騰、ウクライナ侵攻による原材料費の高騰など、国際経済の動きとも密接に関係しています。

ガチャガチャの場合、現物のコインのみが仲立ちになるため、購買意識が他の買い物と異なります。１９９０年代以降、１００円から２００円へ、２００円から３００円へ中心価格帯が変わってきましたが、現代の日本の消費者の値ごろ感からいって、コインを使う以上、３００円がひとつの到達点のような気がします。

そうは言っても、最近バンダイから交通系ＩＣカードやＱＲコードに対応したキャッシュレスマシーンが現れ、さらに最大２５００円まで対応可能

図表４　カプセルトイの高価格化が進む

＊「ガチャガチャの森」全店舗の売価構成比

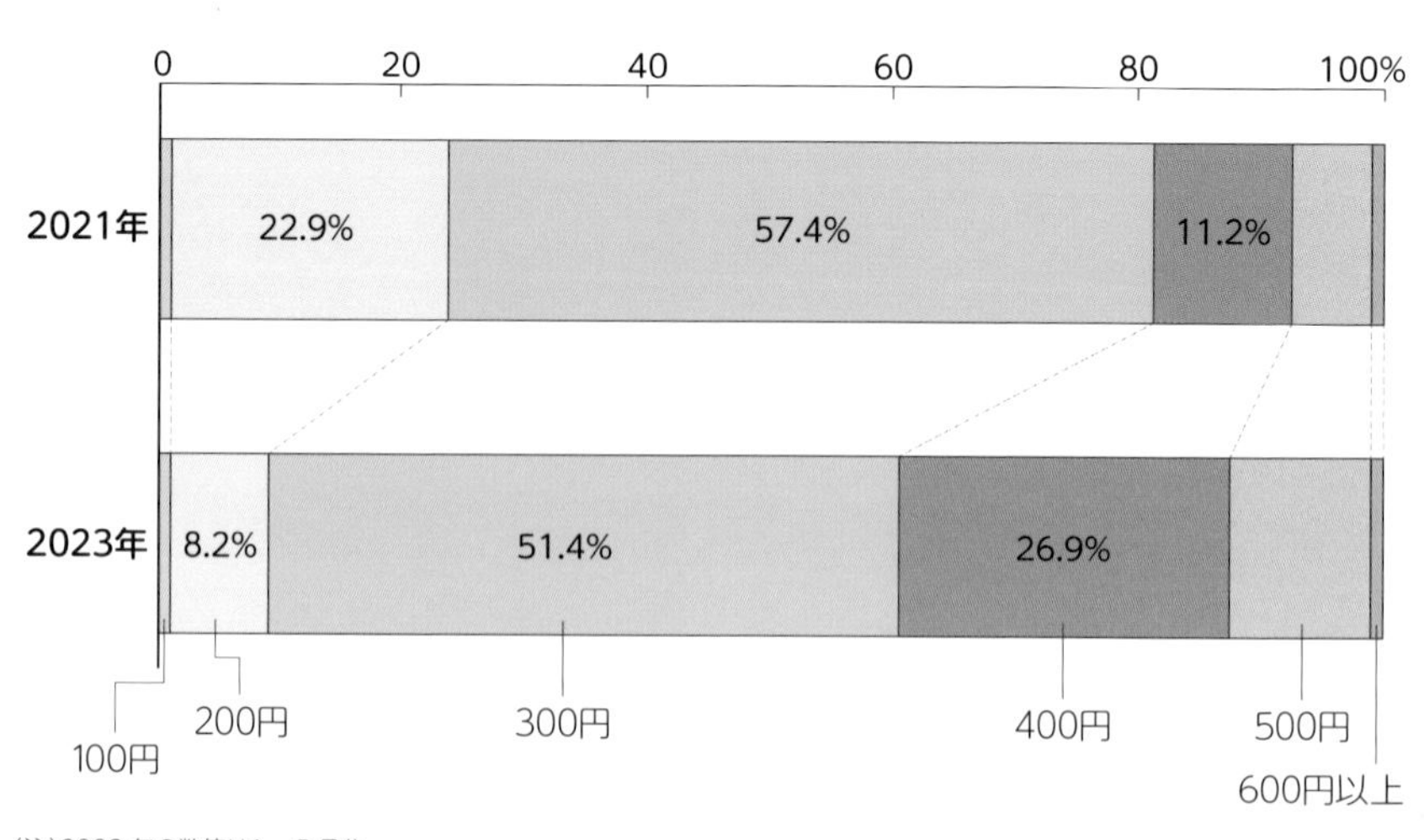

（注）2023年の数値は1～5月分。
出所：株式会社ルルアーク

バンダイが開発した高価格対応型のマシーン「プレミアムガシャポン」。最高で2500円までの価格設定が可能。

な高価格用マシーンも出てきました。

今後の市場拡大に向けて、この高価格化の問題はポイントのひとつになると思っています。

通販サイトも登場した

ガチャガチャというと、実際にマシーンの置いてある場所に行かなければ買えないというイメージが強い方もいるでしょう。お目当てのものを探して何店舗もはしごして結局入手できなかったという苦い経験をお持ちの方もいるのではないでしょうか。

たしかに実際にマシーンのハンドルを回して、お目当てのアイテムをゲットするのに一喜一憂するのが、ガチャガチャの醍醐味ではありますが、時間がない人のために通販で購入する環境も整っています。

たとえば、アマゾンなどのECサイトでは、シリーズをセットにして販売しています。値段的には割高になりますが、「何が出てくるかわからない」ワクワク感を楽しむことよりも、効率的にコレクションすることを優先したい人にとっては、そちらで買ったほうが便利でしょう。また、メルカリなどのフリマサービスでもお目当てのものが出品されていれば購入することができます。

また、各メーカーが運営する通販サイトでも購入することが可能です。たとえば、最大手であるバンダイの「ガシャポンオンライン」では、同社の商品を購入することができます。

インターネットでもガチャガチャのワクワク感を楽しみたいという人には、「colone（コロネ）」がおすすめです。これはオンライン上でガチャガチャを回して購入することができるサイトです。回して出てきた商品が後日送られてくるという仕組みです。すべてのメーカーの商品を扱っているわけではなく、品ぞろえの中心は女性向けのキャラクターグッズですが、ダブった場合はサイト内で交換できるようにもなっています。決済方法はクレジットカード払い、携帯電話のキャリア決済、独自のポイント決済の3種類から選ぶことができます。送料が別途かかるのでリアルなマシーンを回すよりも割高ですが、購入方法の選択肢の1つとしてご記憶されるといいでしょう。

市場は1000億円に向けてまだまだ拡大する

この節では、ガチャガチャ市場の現在を理解していただくための様々なトピックをご紹介しました。

2022年に610億円と過去最大規模となったガチャガチャ市場ですが、この先どこまで成長するのか、正直言って私もわかりません。

販売サイドから考えると、専門店の経営者などにヒアリングしたところ、都市部のショッピングモールやアミューズメント施設などからの出店要請は引き続き高水準であること、次のステップとして郊外のロードサイド店舗への進出の可能性など、まだまだ成長する余地は残されているようです。もちろん、アフターコロナで回復してきたインバウンド需要の拡大も期待大です。

次に購入サイドに目を向けると、今やガチャガチャ人口は、上は50歳代、下は未就学児と多岐にわたっています。その中には年に数回しかガチャガチャを回さないライトな層もいれば、毎週のように専門店を訪れたり、インターネットでメーカーの新作情報を定期的にチェックしたりするようなコアな層もいます。

供給サイドであるメーカーが、多様化したファンを満足し続けられる商品づくり、あるいはファンの期待の斜め上を行くユニークな商品企画をできる間は、市場は今後もしばらくは成長し続けるのではないでしょうか。

もちろん、ガチャガチャの楽しみ方も今のまま変わらないということではないと思います。本書の第４章でキャッシュレスやデジタルコンテンツ販売などの動きに少し触れていますが、アナログならではの楽しさの部分を残しつつも、デジタル化によってさらに便利に、さらに楽しくガチャガチャを楽しむための試みが各社で検討されています。これらがまた市場の拡大につながる可能性も大です。

果たして１０００億円の大台を突破することができるのか、今から楽しみでなりません。

2 もうすぐ60周年！ 日本で独自の進化を遂げたガチャガチャ業界発展の歴史

ガチャガチャの歴史を振り返ることの意義

前項ではガチャガチャビジネスの最新状況についてお伝えしましたが、本項では、もうすぐ60周年を迎えようとする日本のガチャガチャ業界の歴史を簡単に説明したいと思います。

１９６５年に日本でガチャガチャビジネスがスタートして２０２３年で58年、すでに半世紀を超えました。以来、黎明期のカオス的状況や何度かのブームを経て、昭和、平成、令和と廃れることなく続いている不思議なビジネスであるガチャガチャがどのように進歩していったかを振り返ってみたいと思います。

若い方には昔のことなどあまり興味がない話かもしれませんが、知っておいて決して無駄な知識ではありません。なぜなら、ガチャガチャは日本が世界に誇る文化であるからです。しばしお付き合いいただければと思います。

ガチャガチャの発祥地はアメリカだった

そもそも現在のようなガチャガチャの歴史はどこから始まったかというと、今から１４０年以上前の１８８０年代にアメリカのニューヨークでチューインガムやキャンディ、鉛筆、香水などが無人販売機で販売されていたのがルーツだと言われています。設置場所は駅のプラットフォームやタバコ屋でした。当時はカプセルに入っておらず、むき出しの状態で入っていたようです。

１９４０年代に入ると、マシーンの中にガム以外にセルロイド製の小さな玩具を混ぜて売るようにしたところ、この玩具目当てにハンドルを回す子どもたちが増え、いつの間にか玩具だけが独立して売られるようになりました。疲れて泣き叫ぶ子どもたちをなだめるのに便利ということで、「シャラップ・トイ」と呼ばれたそうです。これが現在も受け継がれる「何が出てくるかわからない」要素を備えたガチャガチャの原型です。その当時もカプセルに入っておらず裸のまま出てきたので不衛生でした。また、マシーンの故障が多くて大変だったようです。１９４０年代後半からカプセルの中に入れる現在の形になりました。

この時代から第二次世界大戦を挟んだ１９６０年代まで、カプセルの中身の玩具をつくっていたのは、実は日本の会社でした。東京の葛飾区や墨田区にある町工場がつくったミニチュアトイをアメリカの会社へ輸出していたのです。日本でつくられた玩具がアメリカの子どもたちのコレクショントイになっていたわけです。

日本にガチャガチャビジネスを紹介したL・O・ハードマン

日本からミニチュアトイを輸入してアメリカでカプセルに入れて販売していた輸入商社のひとつに、「ペニーキング」という会社がありました。「ペニー」とは1セント硬貨の愛称です。当時アメリカでは1セントがガチャガチャの価格であり、「ペニーキング」とはまさに同社のビジネスモデルそのものを体現する社名でした。

1965年、当時「ペニーキング」の社長だったL・O・ハードマン氏からマシーンの供給を受けて、パンアメリカン貿易という日本の会社の社長だった重田哲夫氏と弟の龍三氏が東京の台東区で立ち上げたのが「株式会社ペニイ商会」という、日本におけるガチャガチャビジネスのルーツとなった会社です。アメリカから輸入したマシーンを主に駄菓子屋や文房具店の店先に置かせてもらい、「10円で世界の玩具を集めよう!」というキャッチフレーズのとおり、ミニチュアトイを10円で販売していました。

こうして、1955年から1973年までの「高度経済成長期」と呼ばれている時代に、ガチャガチャは日本に導入されたのです。

なお、このペニイ商会の創立日である1965年2月17日に因んで、毎年2月17日は「ガチャの日」に認定されています。

また、このペニイ商会は、その後タカラトミーアーツのグループ企業となり、現在も「株式会社ペニイ」という社名でガチャガチャのオペレーター業務（事前受注や商品の補充、集金、マシーンの設置など）を

◀戦前から戦後にかけて日本からアメリカに輸出されていたセルロイド製の玩具。

▼日本にガチャガチャのマシーンを供給したペニーキングのL.O.ハードマン氏。

L.O.ハードマン氏の協力を得て日本で設立された株式会社ペニイ商会の看板。

ペニイ商会開業当時のガチャガチャ販売店店頭の様子(写真提供:株式会社ペニイ)

行っています。ガチャガチャの専門店やショッピングモールなどに行くと、「PENNY」のステッカーが貼られているマシーンを見つけることができます。そのときは日本で初めてガチャガチャのビジネスを始めたペニイ商会と、日本にガチャガチャを紹介したL・O・ハードマン氏の名前を思い出していただけると嬉しいです。

黎明期のガチャガチャ① 子どもたちの間に急速に広まる

こうして日本でペニイ商会が始めたガチャガチャのビジネスですが、翌1966年1月に朝日新聞社の雑誌『アサヒグラフ』で取り上げられたところ、全国からマシーンや商品の問い合わせが殺到したといいます。おそらくこれがガチャガチャが日本のメジャーな媒体で取り上げられた最初だと思います。

当時、カプセルの中に入っていたのは、日本や香港でつくられた指輪やキーホルダー、人形、世界の国旗などでした。その中であごを動かすと目玉が飛び出る仕掛けのガイコツの玩具が大ヒットします。前述した『アサヒグラフ』の記事に「ガイコツ欲しさに3000円使った子どもがいる」と書かれているほど、子どもたちの間で人気となりました。

何が出てくるかわからないワクワク感と、購入してからの遊びという2つを10円で満たしてくれるガチャガチャは子どもたちの心をつかんだのです。また、当時の駄菓子屋は子どもたちにとって放課後の交流の場であり、ガチャガチャは〝メディア〟としての役割を果たしました。

黎明期のガチャガチャ② パチモノ流行のカオス期

こうしてガチャガチャは１９７０年代以降、子どもたちの間にどんどん広がっていきました。「何が出るかわからない」という意味で、ガチャガチャは子どもたちにとっては初めてのギャンブルであり、通常の物販では味わえないスリルに満ちたものでした。

とりわけ人気を博したのは、『ウルトラマン』などのキャラクター商品です。テレビで見て憧れの存在だったキャラクターが10円や20円で手に入るのですから、人気が出るのは当然です。実際は欲しいものが出るまで5回や10回かかり、それが人気に拍車をかけました。

もっとも、当時のメーカーの多くは現在のように権利元ときちんとライツ契約を交わすという意識が希薄で、いわゆるパチモノの天下でした。

ウルトラマンが流行ればウルトラマン風のフィギュアが、携帯音楽プレーヤーの「ウォークマン」が流行ればウォークマンもどきが、チョロQが流行れば「チビQ」という名前のパチモノが登場しました。

その代表格が１９７７年に参入したコスモスという会社です。自社で生産したものを自社の流通網で販売するというビジネスモデルで、一時期は国内シェア80％を占めるほどでした。この時代に小学生だった現在45歳以上の方には馴染みの深い会社だと思います。

しかし、当時子どもたちに大人気だったロッテの「ビックリマンチョコシール」の偽物を大量にガチャガチャで販売していたことでロッテから訴えられて賠償金を負うことになったこと（いわゆる「ロッチ事件」）をきっかけに、1988年2月、業界からフェードアウトしていきます。

コスモスと同じ1977年、現在も業界トップを走るバンダイがガチャガチャ市場に参入します。大手玩具メーカーが参入してきたことで、パチモノが徐々に市場から駆逐されるようになっていきました。

第1次ブーム 「キンケシ」大ヒット

なんでもありのカオスな黎明期を経てガチャガチャが適法なビジネスとして整備されつつある時期に始まったのが第1次ブームです。

この立役者となったのが『キン肉マン』でした。1979年に『週刊少年ジャンプ』でコミックの連載が始まると、瞬く間に子どもたちの間で人気を獲得、後にアニメ化されたことでさらに広範な人気を得ました。

アニメ化と同じ1983年、この『キン肉マン』に登場するキャラクターをモチーフにしたゴム人形型の消しゴム、通称「キンケシ」がバンダイによってガチャガチャで発売されると、子どもたちの間で大ブームとなり、なんと累計約1億8000万個という空前の人気商品となりました。当時まだ生まれていない世代の方のためにどんな状況だったかを説明すると、マシーンに商品が補充されると同時に子どもたちが群がり、あっという間にマシーンが空になってしまうような感じでした。

現在50歳前後の世代の人であれば、まさにリアルタイムでこのブームを経験された方が多いと思います。

実際、「キンケシ」ブームを支えたのは、1971年から1974年の間に生まれた第2次ベビー・ブーム世代でした。約２１０万人という非常にボリュームのあるこの世代は、子どもの頃に「キンケシ」でガチャガチャに親しんだことで、大人になってからもガチャガチャを回すことに抵抗感がないと言われます。

また、それまで10円や20円が主流だった時代に、バンダイはいきなり１００円で参入してきました。以降、１００円が中心価格帯となっていきます。

そして、１９８８年にはユージン（現タカラトミーアーツ）がガチャガチャ市場に参入を果たし、バンダイとともに２大メーカーが市場をリードする新しい時代が始まりました。言い換えれば、黎明期のガチャガチャ市場を支えていた多くのメーカーが退場していったのです。

第2次ブーム　商品とマシーンの双方に革命が起こる

第２次ブームの引き金となったのは、１９９４年にバンダイが発売した「ＨＧ（ハイグレード）シリーズ　ウルトラマン」です。それまで単色だったガチャガチャのフィギュアがフル彩色されるようになり、同時に造形レベルも格段に向上し、マニアの間でコレクションアイテムとして認識されていきました。一方、タカラトミーアーツも１９９５年にクオリティの高いディズニーキャラクターのフィギュアをリリースし、子どもだけでなく母親を含む女性層全般に受けて、ガチャガチャの客層を広げていきました。これらの商品成功で、１９９６年以降は２００円がガチャガチャの中心価格帯となりました。また、テレビでは１９９４年に『開運！なんでも鑑定団』の放送が始まり、大人のガチャガチャコレクターが登場するなど、ガチャガチャが子どもだけではなく、大人も愛好するアイテムであることが認知されていきます。

そして、この時期、ガチャガチャの中身だけでなく、マシーンにも大きな進化が訪れました。１９９５年10月、ユージンの自社開発による「スリムボーイ」というマシーンが登場しました。これはマシーン２台を上下に一体化させた画期的なものでした。

それまでのガチャガチャのマシーンは、１００円機と２００円機が完全に別物で価格の切り替えはできませんでした。しかも上下に重ねることができず、マシーンを増やすには売り場面積の拡大が不可欠でした。それをスリムボーイは１００円と２００円を自由に切り換えられるようにしたのです。今でも３００円と４００円を切り換えられるというこのスペック自体は変わりません。また、商品の補充と集金を前面で行うことができるようになり、オペレーターの作業が格段に簡易化されました。

この「スリムボーイ」が導入されたことも、ガチャガチャ市場の拡大に大きく貢献しました。マシーン

1995年10月に登場した初代スリムボーイ。

スリムボーイ開発以前のマシーン。

は電源が不要であり、上下2段を置くスペースさえあれば、何台も連結させてすぐに売り場をつくることができます。また、キャスター付きで移動も簡単でした。その結果、従来の駄菓子屋や文房具店だけでなく、ファストフード店やファミレスなどにもガチャガチャのマシーンが置かれるようになりました。

１９９５年は、マイクロソフトのＯＳ「ウィンドウズ95」が発売になり、パソコンが一気に普及するきっかけになった年でもあります。パソコンの普及によって個人がブログを書くことが流行り、ガチャガチャの面白さを発信する人が増えました。このこともガチャガチャ定着の推進剤になったと思います。

２０００年代に入ると、リアルな造形で知られる海洋堂によってつくられるクオリティ重視の動物や魚のフィギュアが登場し、ガチャガチャ購入層がさらに拡大していきます。

第3次ブーム「コップのフチ子」誕生

２０１２年に奇譚クラブと漫画家のタナカカツキさんのコラボによって誕生した「コップのフチ子」がリリースされます。コップやカップのフチに引っ掛けられるようにデザインされたＯＬのフィギュアは、そのユニークな表情やポーズで大人の女性の間で話題となり、シリーズ累計２０００万個というガチャガチャ史上に残るエポックメイキングな商品となりました。

この「コップのフチ子」が大ヒットしたことで、新規参入組も含めて、様々なメーカーから、大人の女性向けガチャガチャ商品が続々と出るようになります。

また、この２０１２年は「スマホ元年」とも言われており、スマホの普及台数がガラケーを追い抜いた年です。スマホでＳＮＳ上に購入者による「コップのフチ子」の写真が投稿され、全国に拡散されていくという現象が起きました。

そして、これ以後、様々なクリエイターとメーカーがコラボしたユニークでデザイン性の高いオリジナルのガチャガチャが続々登場するようになりました。

第４次ブーム　専門店が続々開店

大人向けガチャガチャが文化として定着し、さらに時代が進んで令和を迎えると、今度は「ガチャガチャの森」「ガシャポンのデパート」などの専門店が登場し、女性にとって、より購入しやすい環境が充実していきます。

また、この専門店の増加によって、一度ガチャガチャから遠ざかっていたかつての子どもたちが改めて現在のガチャガチャのレベルの高さを知って病みつきになるなど、市場が厚みを増していきました。

厚みを増した市場によって、商品もさらに多様化していきます。キャラクターものであれば『鬼滅の刃』が、オリジナルものであれば「バスの降車ボタン」などが２０１９年ぐらいから流行り始めました。

２０２０年になると新型コロナウイルス感染拡大の影響で消費は一気に冷え切ってしまい、商業施設からテナントが撤退するなどの事態に陥りましたが、その穴を埋める形でガチャガチャ売り場や専門店の出店が進んでいき、コロナ禍であるにもかかわらず、却ってガチャガチャの市場は拡大していきました。

この結果、メーカーも約40社まで増え、月間にリリースされる新製品は３００シリーズ以上にもなり、消費者の選択肢がさらに増えました。中心価格帯も３００円へのシフトが進んでいます。

時代の動きと連動してきたガチャガチャの歴史

以上、ガチャガチャの歩んできた歴史を振り返ってみました（図表５）。

取材などで「ガチャガチャ市場の拡大はネットとの親和性と関係がありそうですね？」という質問をよく受けますが、私はガチャガチャを一種のメディアだと思っています。第１次ブームのときは主にテレビ、第２次ブームではブログ、第３次ブームではスマホ、現在の第４次ブームでは専門店（リアル）とＳＮＳ（ネット）の組み合わせといったように、情報発信メディアの歩みと連携した形でガチャガチャ自体も成長してきたと思います。

とりわけ現在は、大人の女性がＳＮＳに投稿した内容がテレビやネット媒体のニュースになって、ガチャガチャがさらに世の中に浸透しているのだと思います。私は28年にわたってガチャガチャに携わっていますが、「ガチャガチャはメディアだ」というのは変わらない持論です。

また、ガチャガチャが大変貌を遂げた第２次ブーム以降の30年間は、奇しくも日本ではバブル経済崩壊後の「失われた30年」と呼ばれています。閉塞感が漂う日本でガチャガチャが多くの人々に支持されるようになった理由を考えると、なかなか興味深いものがあります。

年代	ガチャガチャ業界の動き	日本や世界の動き
1965年	★**黎明期** 2月17日に日本で初めてガチャガチャの販売を手がける「株式会社ペニイ商会（現ペニイ）」が設立される。	
1966年		日本の総人口が1億人を突破。
1970年		大阪万博開幕。
1973年		円が変動為替相場制に移行、第一次石油危機。
1977年	バンダイが参入する。	
1979年		第二次石油危機。
1983年	★**第1次ブーム「TV×出版×玩具」** バンダイが「キン肉マン消しゴム（キンケシ）」をリリース。シリーズ累計約1億8000万個の大ブームとなる。	東京ディズニーランド開園。
1985年		プラザ合意により急激な円高が進む。
1988年	ユージン（現タカラトミーアーツ）が参入する。	
1989年		バブル経済ピークに。
1991年		バブル経済崩壊、冷戦終結。
1993年		中国が社会主義市場経済を採択し、「世界の工場」化が進む。

世相	
高度経済成長期	1955～1973
安定成長期	1973～1986
バブル景気	1986～1989

図表5　年表：ガチャガチャ業界発展の歴史

年	ガチャガチャ業界	社会
1994年	★第2次ブーム「マシン革命×中国クオリティ」 バンダイがフル彩色の「HGウルトラマン」シリーズをリリース、大人のファンを獲得。	
1995年	10月にユージンが新型機「スリムボーイ」を市場に送り出す。11月にユージンが「ディズニーフィギュアコレクション」をリリース、母親層にも浸透。	阪神・淡路大震災、地下鉄サリン事件。「ウィンドウズ95」発売。
2001年		アメリカで同時多発テロ発生。
2008年		リーマン・ショック（世界金融危機）発生。
2009年	ユージンなど4社が統合してタカラトミーアーツ誕生。	
2011年		東日本大震災発生。日本の人口減少が始まる。
2012年	★第3次ブーム「SNSとの親和性」 奇譚クラブが「コップのフチ子」をリリース。シリーズ累計約2000万個と、オリジナルものとしては異例の大ヒットとなる。	
2013年		スマホの普及率がガラケーを上回る。
2017年	ルルアークが「ガチャガチャの森」1号店をオープン。	
2018年	★第4次ブーム「商品の多様化と専門店の急増」 「ガチャガチャの森」「ガシャポンのデパート」などの専門店の出店ラッシュが始まる。	
2020年		新型コロナウイルス感染症が世界的に拡大。
2022年	カプセルトイの市場規模が約610億円と発表される。	

平成バブル不況 1989～2018

令和 2019～

3 なぜ日本人はガチャガチャが好きなのか？ガチャガチャ市場拡大の背景を探る

購入者調査に見るガチャガチャの魅力

本項では、アメリカに起源を持つガチャガチャが、なぜ日本で独自の発展を遂げたのかについて、私なりに考察を試みたいと思います。昨今のガチャガチャ市場の拡大について、メディアなどでは新型コロナウイルス感染拡大が却って功を奏したという論調が散見されます。もちろんコロナの影響は否定しませんが、それ以前からガチャガチャに日本人は魅了されている、もっと言えば日本人の民族性とも関係しており、一過性のブームだとする見方は正しくないと思うからです。

そもそも日本人は古来より小さくて可愛いものを愛でて、集めたがるという習性があるように思います。古代の土偶や埴輪、仏像などが典型的ですが、現代もフィギュアやミニチュア、あるいはキャラクターグッズを集める人が多いことと、ガチャガチャには深い関係があるように思えてなりません。

小さなカプセルに収められた玩具がアメリカから日本に伝わった時点で、現在のガチャガチャ市場の隆盛はある程度約束されたのではないでしょうか。

ケンエレファントがカリモク家具とのコラボでリリースしたミニチュア家具シリーズ。カプセルサイズのミニチュアとは思えないクオリティの高さで人気商品となった。©KARIMOKU FURNITURE INC. ALL RIGHTS RESERVED.

ハピネットが２０２３年1月に発表した「カプセルトイの大人需要実態調査」によると、「あなたにとってカプセルトイの魅力は何ですか」という問いに対し、回答者全体で最も多かったのが「クオリティの高さ」でした。以下、「何が出るかわからないドキドキ感」「品ぞろえが豊富」「低価格で買いやすい」「機械を回す楽しさ」と続きます（図表６）。

これから１つひとつ解説していきたいと思います。

大人を満足させるクオリティの高さ

前節のガチャガチャの歴史で説明したとおり、黎明期のガチャガチャのクオリティは決して高かったわけではありません。

しかし、時代の変遷を経ながらクオリティアップを果たし、大人を満足させるほどの高水準を実現しました。

図表6　カプセルトイの魅力

		クオリティの高さ	何が出るかわからないドキドキ感	品ぞろえが豊富	低価格で買いやすい	(カプセルトイの)機械を回す楽しさ	その他
全体		**51.6%**	**46.1%**	**42.5%**	**38.6%**	**15.4%**	**1.4%**
男性	男性平均	**57.9%**	**41.1%**	**42.5%**	**38.6%**	**13.9%**	**0.4%**
	20～29歳	53.6%	41.1%	53.6%	46.4%	16.1%	0.0%
	30～39歳	58.9%	42.9%	57.1%	41.1%	17.9%	0.0%
	40～49歳	62.5%	33.9%	41.1%	33.9%	14.3%	0.0%
	50～59歳	64.3%	35.7%	35.7%	33.9%	10.7%	1.8%
	60歳以上	50.0%	51.8%	25.0%	37.5%	10.7%	0.0%
女性	女性平均	**45.4%**	**51.1%**	**42.5%**	**38.6%**	**16.8%**	**2.5%**
	20～29歳	41.1%	48.2%	46.4%	46.4%	16.1%	1.8%
	30～39歳	48.2%	51.8%	44.6%	37.5%	21.4%	3.6%
	40～49歳	48.2%	69.6%	41.1%	35.7%	25.0%	0.0%
	50～59歳	39.3%	41.1%	30.4%	35.7%	8.9%	7.1%
	60歳以上	50.0%	44.6%	50.0%	37.5%	12.5%	0.0%

出所：株式会社ハピネット「カプセルトイの大人需要実態調査」（2023年1月）

このクオリティの高さは日本人がもともと持っているモノづくりの能力やこだわりのなせる業であることは言うまでもありません。単価数百円の商品に対し、ここまでクオリティを徹底するという飽くなき探求心は、外国人から驚きの目を持って見られています。近年、製造業の世界で「メイド・イン・ジャパン」のブランドの失墜が取り沙汰されていますが、今やガチャガチャこそが「メイド・イン・ジャパン」のすごさを代表するものになっているのかもしれません。

「何が出てくるかわからない」を貴ぶ文化性

ガチャガチャの最大の特徴は「何が出てくるかわからない」という点にあります。商品の高品質や多様化も見逃せませんが、このことが娯楽の多様化が進んだ現代に至ってもガチャガチャが独立した地位を保っているファクターだと私は考えます。

コインをマシーンに投入する。「あのアイテムが出ますように」と心の中でお祈りしながらハンドルを回す。ガランと出てきたカプセルの中身を大急ぎで確認する。アタリであれば心の中で「バンザイ」、ハズレであればもう一度トライするかどうか考える。専門店に行くと、最近は人の目を憚（はばか）らずにハンドルを回す際に神様にお祈りするようなポーズをとる方もいて、思わず微笑ましくなります。

家族や友達と一緒であれば、頭の中で考えずに、老いも若きもその場でテンション高く盛り上がることができます。現在50歳以上の人であれば、誰でも子どものときにガチャガチャをやった経験があるので、久しぶりに童心に帰って何が出てくるかで盛り上がることができます。

おそらくこの「何が出てくるかわからない」というガチャガチャの本質は、日本古来のおみくじ文化につながるものがあるかもしれません。神社やお寺のおみくじも吉凶を占うために気軽に行います。大吉が出れば歓喜し、大凶が出れば落胆する。これは一種のプチギャンブルであり、日本人のＤＮＡに刻み込まれたものなのかもしれません。

おそらくこの先、お金の支払方法はコインからキャッシュレスの時代に進んでいくのでしょうが、この「何が出てくるかわからない」というポイントは変わらないと思います。

品ぞろえが豊富

現在、毎月リリースされるガチャガチャの新商品は約３００〜４００シリーズと言われていますが、２０２０年の時点では約２００シリーズ程度にすぎませんでした。この数年間に急激に増えた種類の豊富さも現在のガチャガチャ市場の盛り上がりを体現しています。

商品も従来のキャラクターもののフィギュアや現実に存在するもののミニチュアに加え、実用性のある雑貨、後述する「ネタ系」と呼ばれる不思議グッズなど実に多彩になっています（図表７）。それぞれにファンがついています。

ガチャガチャの商品は、玩具カテゴリーから雑貨カテゴリーまで、広いジャンルで商品化されていることで拡大しています。

図表７　ガチャガチャ商品の分類

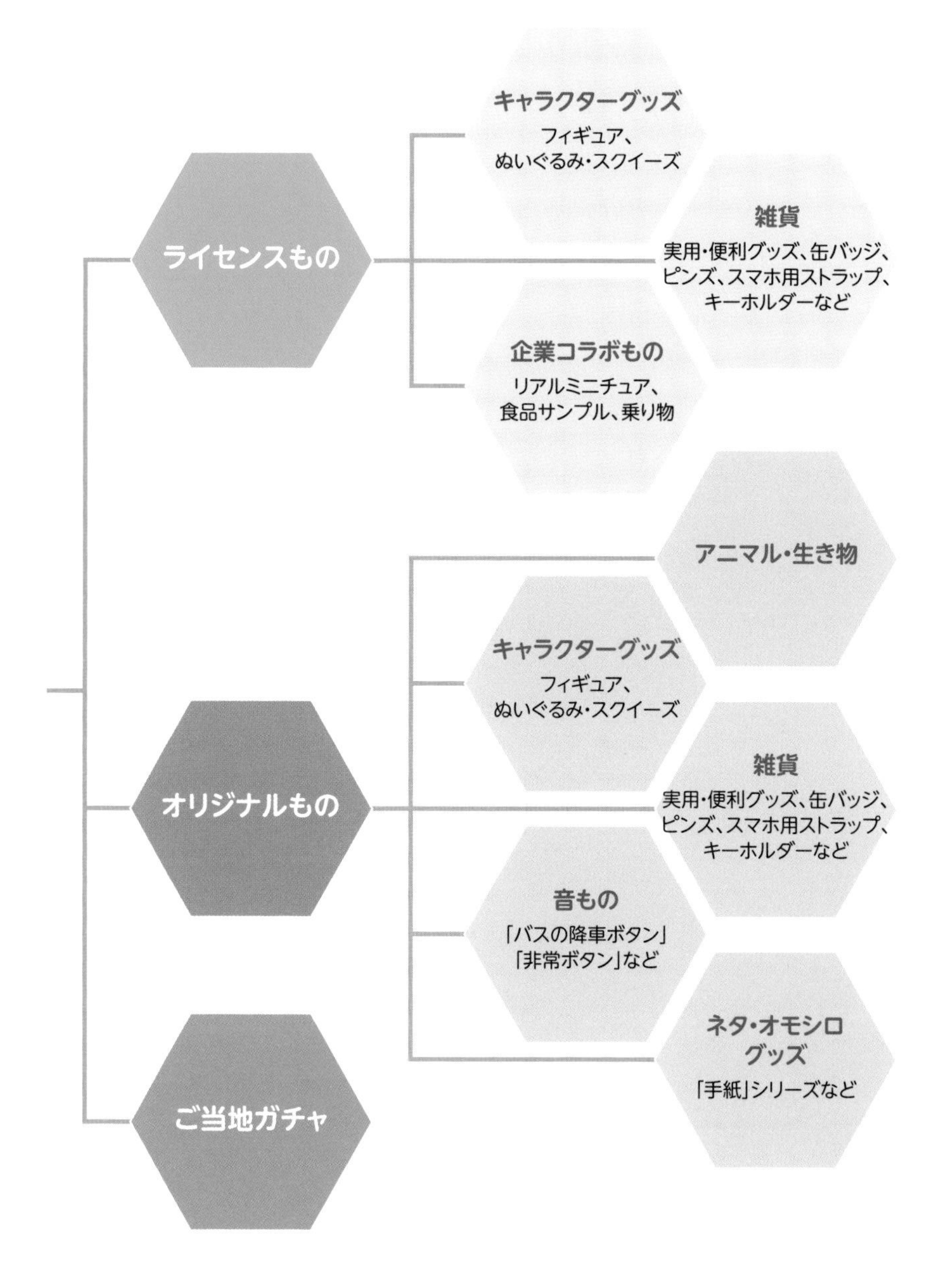

低価格で買いやすい

前述したように、現在のガチャガチャの中心価格帯は300円です。各業界で物価が全体的に高騰している中にあって、かなり優等生であると言えるでしょう。

同じように子どもたちや若者に人気のあるクレーンゲームも、1回につき100円や200円で楽しめるようになっていますが、目当てのものをゲットするまでに1000円くらいは使ってしまうことが普通です。

その点、ガチャガチャは目当てのものかどうかはともかく、最初から何ももらえないということはないので、クレーンゲームよりも魅力的に思う人も多いと思います。

機械を回す楽しさ

「何が出てくるかわからないドキドキ感」とも共通しますが、自分で実際に手を動かして目当てのものをゲットする楽しさというのは、モノがあふれた現代にあってはまさに「コト消費」であると言えます。

このようなガチャガチャの特性は、マーケティング手段として色々と応用ができるものだと思います。たとえば、ファミリーレストランチェーンの「ガスト」では、セットメニューを頼んだ子どもに専用コインを渡し、オリジナルグッズをもらえるガチャガチャを楽しめるようにしています。それをさらに拡大さ

「くら寿司」に導入されている「ビッくらポン!」。
他の回転寿司チェーンとの差別化としてガチャガチャのしくみを取り入れている。

せたのが回転寿司チェーンの「くら寿司」です。注文したお皿５枚に対してゲームを１回楽しめるようにし、アタリが出たら「ビッくらポン！」という自社オリジナルのガチャガチャから景品が出るようになっています。どちらも子どもたちは大喜びで、次回も「ガスト」や「くら寿司」に行きたいと親にねだらせるために集客ツールとしてガチャガチャを活用しています。

子どもの集客だけではありません。ＬＣＣ（格安航空会社）のピーチ・アビエーションは、大人向けに２０２１年からガチャガチャの仕組みを利用した「旅くじ」というキャンペーンを実施しています。これは１回５０００円で「旅くじ」をガチャガチャで購入すると（決済はＰａｙＰａｙ）、出てきたカプセルの中には行き先とそこで遂行するミッションが書かれたくじと、指定された行き先への往復航空チケット（ピーチ限定）の購入に使える６０００円以上のクーポンが入っています。購入者が指定された目的地への航空券を購入する際にそのクーポンを使用すると、その金額分が割り引かれるという仕組みです。「旅行先の決定をガチャガチャに委ねる」というワクワク感が好評で、現在も行われています。

現在、各地域で行われている町おこしにも、集客手段としてガチャガチャを活用しているケースが多く見られます。「何が出るかわからない」「自分でハンドルを回す」というプチエンターテインメント性は、イベントを盛り上げるのに格好の要素なのです。

ガチャガチャの仕組みを利用して、寄付金を募るという活動も各地で出てきています。

たとえば、地震や大雨などによる災害で甚大な被害を受けた地域では、公民館やショッピングモール、遊園地などにガチャガチャのマシーンを設置して、売上の一部を被災地に寄付するということがよく行われています。

日本には寄付文化がないとよく言われていますが、ガチャガチャを楽しむと寄附にも貢献できるということで、ハードルを下げる効果があります。これもまたガチャガチャの活用事例と言えるでしょう。

ガチャガチャだと欲しくなる不思議さ

現在多岐にわたるガチャガチャ商品の中には、そのまま部屋のインテリアとして飾れるような精密なミニチュアやフィギュア、あるいは実用性のあるポーチやトートバッグなどがありますが、近年増えてきたのが、いわゆる「ネタ系」と呼ばれる、用途不明の不思議な商品群です。

たとえば、奇譚クラブのヒット作である「おにぎりん具」はおにぎりの中にイミテーションの指輪が入っています。ほかにも、「バスの降車ボタン」シリーズなどはバスグッズのコレクターでもないかぎり、部屋に飾りたいと思う人はいないでしょうし、実際に使おうと思っても使える場所は限定されてしまいます。しかし、この商品は〝普段押せないボタンを心置きなく押せる〟というコンセプトが受けて大ヒットとなり、ガチャガチャ市場でいわゆる「音もの」という新たなカテゴリーができるきっかけとなりました。最近ですと、「妹からの手紙」や「赤の他人の証明写真」「手書きお母さんの秘伝カレーのレシピ」「ギャルが折った折り鶴」などが話題になりました。

このように、実用性があまりない、芸人の瞬間芸のようなアイテムの存在も、現在のガチャガチャ人気を支える要素です。おそらくこれらの商品がスーパーなどのレジ脇に置いてあっても、多分誰も買わないと思います。しかし、ガチャガチャの商品であれば、先述した「何が出てくるかわからない」というエンターテインメント性が加わり、なんだかわからないけど欲しくなるのです。もちろん３００円という価格も財布のひもを緩めるにあたって許容できるギリギリのレベルと言えます。要らなくなれば友達に「これ、あげる！」とプレゼントしてもいいわけです。

これらの「ネタ系」グッズは、ＳＮＳで「こんなの出ちゃいました……」と注目を浴び、会話のネタにしたり、笑いをとるためのコミュニケーションツールとして購入されているようです。

再生産は基本的になし。見かけて欲しくなったらその場でゲットしないと永遠に入手不可能

第２章で詳しく説明しますが、ガチャガチャのビジネスは「３カ月前受注」「返品なし」というシステ

ムになっており、メーカーは事前に受注できた数量しか生産せず、よほどの大ヒットでなければ、基本的に再生産はしません。販売店も基本的には同じ商品を再び入荷することはありません。つまり、売り切れたら最後で、見つけたときにその場で入手しないと、永遠にゲットすることはできなくなるのです。

人気のある商品の場合、数日で売り切れることも珍しくなく、極端な話、出社中に見かけて欲しくなり、帰社時に買おうと思っても、その間に売り切れてしまうこともあり得ます。商品によって初期ロット数が違うので、見かけたときに買わないと本当に買えなかったりするのです。

「ガチャガチャの森」のような専門店であれば、入手できる確率は高くなりますが、同じことを考える人も多いので、競争率は自ずと高くなります。また、専門店でも立地によって品ぞろえが異なるので、お目当ての商品を即ゲットできるとも限りません。

もちろんネット通販を利用したり、メルカリで出品者から購入したりすることも可能ですが、お目当てのものが欲しいタイミングで適切な価格で入手できるかどうかはわかりません。

したがって、私からのアドバイスは「欲しいものが見つかったら、可能なかぎりその場でゲットしよう」です。

この「その場でゲットしないと、次にいつ入手できるかわからない」という希少性も、宝さがしに通じるものがあり、コレクター心理をくすぐり、ガチャガチャの人気を盛り上げる要因になったと考えます。

SNSとの相性の良さ、コト消費を楽しむ

２０１２年の「コップのフチ子」の大ブレイクが示したように、ＳＮＳとの相性の良さも現在のガチャガチャ市場の盛り上がりを支えている要因です。

ユニークな商品を見つけたときの驚き、見事コンプリートしたり、めったに出ないレアアイテムをゲットしたりしたときの喜びをインスタグラムなどに投稿する。あるいはメーカーが異なるキャラクターとミニチュアを組み合わせてジオラマ風にオリジナルの世界観をつくりあげる。友だちから「面白いね」と言われてどんどん拡散されていく。このように、ＳＮＳ映えを狙える素材の１つとして、ガチャガチャは手ごろな値段でコミュニケーションを仲介できるツールなのです。いわばガチャガチャはＳＮＳという新しいメディアのネタとして最適だったのです。

従来のガチャガチャの楽しみは「集める」「揃える」「飾る」といった個人で完結するものでしたが、ＳＮＳの普及により、新たに「（他人に）見せたい」というニーズが加わりました。

このようなガチャガチャとＳＮＳの関係を反映して、近年増えているガチャガチャ専門店の多くは、店内に撮影ブースや撮影スポットを設け、お客が購入商品を使ってその場で撮影を楽しみ、ＳＮＳに投稿できるようにしています。そう、ガチャガチャはモノ消費ではなく、まさにコト消費なのです。

4 ガチャガチャでブランディング！企業とガチャガチャのコラボ

すでにガチャガチャの1ジャンルとなった「企業コラボもの」

ここまでガチャガチャ市場の現状やこれまでの歴史、そしてガチャガチャが日本で人気を保っている背景について説明しました。本章の最後に、ここ数年で見逃せないトレンドとなっている、企業とコラボレーションしたガチャガチャ（本書では「企業コラボもの」と表現します）の増加についてお話しします。

企業とガチャガチャのコラボの歴史は意外と長く、１９９０年代にはコカ・コーラや森永製菓などとタイアップしたガチャガチャがありました。また、１９９５年から１９９８年の間、マクドナルドの店内にガチャガチャのマシーンが置かれて、ハンバーガーやフライドポテトなどのメニューをモチーフにしたキーホルダーやマグネットが売られていたことを覚えている方もいるのではないでしょうか。

ただ、当時のメーカーにとって、「企業コラボもの」は決してメジャーなジャンルではなく、どちらかというと話題づくりの一環としてリリースされていたように思います。企業と正式なライセンス契約を結ぶ場合もありましたが、中には社名を一文字だけ変えたパロディ商品として出される場合もありました。

企業側の認識も「ガチャガチャ＝子どもの玩具」というイメージが強く、自社のマーケティングやブランディングにガチャガチャを利用しようと考える意識は希薄だったと思います。初期のコラボ相手が菓子メーカーやファストフードという子どもに馴染みのある企業だったことがそのことを物語っています。

「企業コラボもの」にとって大きな転換期になったのは、２０１６年にタカラトミーアーツから第一弾がリリースされた日本郵便とのコラボである「郵便局ガチャコレクション」シリーズです。日本郵便という堅いイメージのある大企業とガチャガチャの取り合わせという意外性もさることながら、実際にある郵便ポストなどを忠実にミニチュア化し、細部まで精密に再現したことで、話題になりました。

続いて同じくタカラトミーアーツから２０１９年に第1弾がリリースされた「ＮＴＴ東日本　公衆電話ガチャコレクション」シリーズは、本物と見間違うほどの完成度に加え、スマホの普及で公衆電話の使い方を知らない若者が増えていることに対する啓蒙としても話題となり、累計で２００万個という大ヒットになりました。

現在は、様々なメーカーが「企業コラボもの」に参入し、専門店に行けば1つのコーナーができているくらい、多くの種類がリリースされています。企業が出している商品（現役が多いですが、中にはオーディオなど過去に出した人気商品もあります）を忠実にミニチュア化して飾れるようにしたものや、ミニチュアにチャームをつけてカバンなどに取り付けられるようにしたものが中心です。

コラボ先の企業もオーディオメーカー、駐車場サービス、飲料メーカー、酒造メーカー、食品メーカー、外食産業など、Ｂ２Ｃ型企業を中心に、様々な業界にわたっています。

近年急激に増えてきた「企業コラボもの」のガチャガチャ。
企業にとっては消費者との新しいコミュニケーションツールになりつつある。

「企業コラボもの」が増えている理由

ガチャガチャ市場で「企業コラボもの」が増えた背景としては、色々な要因があります。

まず、「ガチャガチャ＝子どもの玩具」という固定観念が企業側に薄れたという点が挙げられます。むしろSNSと相性のいい、顧客との新しいコミュニケーションツールとして、ガチャガチャが注目されるようになりました。

自社の商品がガチャガチャになることは、従来の顧客に対するアピールとなるだけでなく、これまでリーチできなかった客層に自社のブランドや商品を浸透させることにつながります。自社の商品がガチャガチャになるということ自体がニュースになるので、人気や知名度の高い企業はもちろん、どちらかというと縁の下の力持ち的な地味な企業にとっても、ガチャガチャという身近な商品になることで、自社の存在や技術力を幅広くアピールしてファンづくりに役立てられるのです。しかも、契約内容にもよりますが、原型代や金型代などの製作コストは基本的にガチャガチャのメーカーが負担するので、企業には費用がかかりません。それから歴史の長い企業にとっては、かつての商品をミニチュアの立体物として残せることも、意外な魅力に映るようです。

一方、ガチャガチャのメーカーとしても、「企業コラボもの」は有名キャラクターものほどの売上は期待できないものの、話題性が高く、安定した販売を見込めます。場合によっては開発コストを企業側が負担してくれたり、ノベルティとしてまとまった量を別途発注してもらえる可能性が期待できるなどのメリットがあります。

ガチャガチャ好きの世代が企業広報に増えてきた

このように企業とメーカーの双方にメリットのある「企業コラボもの」ですが、従来はメーカーから企業へアプローチすることが多かったのが、最近は企業からのアプローチが増えているようです。私が代表を務める日本ガチャガチャ協会にも、「うちの商品をガチャガチャで出すにはどうしたらいいのか教えてほしい」という内容のお問い合わせが増えています。

最近は企業の広報部の若手スタッフの中にガチャガチャ好きが増えており、ガチャガチャの面白さをわかったうえで打ち合わせに参加するので、メーカーとしてはガチャガチャについて一から説明する必要がなくなったという声も聞きます。

Interview

ジャンルとして確立した「企業コラボもの」。開発で心がけているのは、企業の課題解決のサポート

加藤しずえ（かとう・しずえ）
株式会社タカラトミーアーツ ガチャ・キャンディ事業部 ガチャ企画部企画２課課長
美大を卒業後、玩具メーカーでクレーンゲームの景品づくりに携わる。2006年に株式会社ユージン（現タカラトミーアーツ）に入社。現在まで多くの商品の企画開発に携わっている。

多岐にわたるガチャガチャのラインナップにおいて、近年ジャンルのひとつとして定着したのが、いわゆる「企業コラボもの」と呼ばれるアイテムです。消費者にとっては、愛着のある商品を手のひらサイズでコレクションできるという魅力がある一方、企業にとっても、自社のブランディングや消費者とのコミュニケーション手段のひとつとしてガチャガチャの活用が注目されています。これまで多くの「企業コラボもの」を手がけているタカラトミーアーツの加藤しずえさんに、その面白さ、商品化においてこだわっているポイントなどを聞いてみました。

企業とのコラボの面白さを知った「佐川男子」フィギュア

——加藤さんはタカラトミーアーツで長くガチャガチャの企画に携わられていますが、いわゆる「企業コラボもの」をたくさん手がけられていますよね。

加藤 はい。定番のライセンスキャラクターを使ったアイテムもたくさん担当していますが、企業とコラボしたガチャの面白さを見いだしたのは、2013年に佐川急便さんとコラボした「佐川男子シチュ萌えグッズ」です。

——「佐川男子」とは、佐川急便の男性ドライバーの愛称ですよね。2012年に発売された同名の写真集がベストセラーになりました。その佐川急便とのコラボということですが、当時、「企業コラボもの」は現在のように多くはなかったですよね。

加藤 そうですね。「佐川男子」のように企業から公式にライセンスを取得して商品化するケースは珍しかったと思います。

——企画は順調に進んだのでしょうか。

加藤 ドライバーの方々は芸能人ではなく一般人なので、「本当に売れるのかな」と社内会議では企画を通すのが大変でした。でも個人的には、新しい切り口のガチャとしてきっと話題になるだろうとの自信は何となくあったんです。当時、「コップのフチ子」が大人気でしたし、「メガネ男子」とか「筋肉男子」などの「○○男子」が流行っていたので、デスク周りに置ける「佐川男子」のフィギュアはつっ込み要素もあり振り切っていたので、メディアでもきっと話題になると思いました。

——実際、「佐川男子」は好評で、加藤さんが雑

「佐川男子シチュ萌えグッズ」シリーズの一部。レリーフマグネット(左上)やミラー(右上)、印鑑ケース(左下)

誌の取材を受けた記事を読んで、佐川急便からノベルティの相談があったそうですね。

加藤　はい、ドライバーさんたちのお年賀として「佐川男子」のガチャを配りたいというお話で、思わぬご発注をいただきました。佐川急便さんには社員が大勢いらっしゃるので、社員の家族や親族の方々が喜んでくれるのではないかと期待していたので、とても嬉しくやりがいを感じることができました。

――「佐川男子」の成功がきっかけで、「企業コラボもの」をもっと手がけたいと思うようになったわけですね。

加藤　はい、新しい価値感を得られましたね。

“逆提案”を行った日本郵便シリーズ

――2016年に日本郵便とコラボした「郵便局ガチャコレクション」も話題になりましたね。これはどのような経緯で企画が始まったのですか。

加藤　2016年に日本郵便の事業開発推進室からご連絡をいただきました。ガチャのマシンを郵

「郵便局ガチャコレクション」の一部。郵便ポストや郵便配達員のヘルメットなどをミニチュア化した。

便局に置いてビジネスができないかというご相談でしたが、親和性のある郵便ツールを立体化したものをつくったほうが話題になるのではないかと思い、看板やポストなどの構造物を立体化した初のライセンス商品をつくりました。日本郵便が公式ライセンスでガチャの商品を出すというのは前例がなく、話題になるだろうと思いました。もうひとつ、公共物を立体化することは、その構造や機能の資料性として、お客様の知的好奇心をくすぐることができるのではと思いました。

「日本信号 ミニチュア灯器コレクション」の一部。「歩行者用押しボタン箱」(中央下)は、赤い押しボタンを押すと「おまちください」の文字板が点灯。

——知的好奇心ですか。

加藤　日本人ってクイズが好きと言われていますよね。そこでガチャをきっかけに知的好奇心をくすぐるプラスαの付加価値を付けられたら面白いのではと考えました。

設計や機能、構造などの資料性を持たせた日本信号シリーズ

——２０１７年に日本信号とコラボした「日本信号 ミニチュア灯器コレクション」も、実際に光るというギミックに加えて、細部のつくり込みがすごいなといつも思いながら見ています。交差点にある信号機がどのような構造になっているのか、ミニチュアで立体的に見られるというのはすごく面白いなと思います。

加藤　日本郵便と同様、スケール感を設定して、街角公共物の設計や機能、構造を学べたら面白いのではないかと思いました。埼玉県久喜市にある

展示室を実際に見に行って取材したのですが、信号機って2メートル以上あるんです。近くで見ると、実際に道路で見るのとあまりにも大きさが違い、びっくりしました。そこで、普段近くでなかなか見られないものをリアルに再現することで構造を知ることができればと思いました。

公衆電話のかけ方をミニチュアで布教するNTTシリーズ

——そして2019年に発売されたNTT東日本とのコラボ「NTT東日本　公衆電話ガチャコレクション」がシリーズ累計200万個という大ヒットになります。これはどのような経緯で誕生したのでしょうか。

加藤　郵便局ガチャを店頭で購入されたNTT東日本の公衆電話担当の方から、「うちにもいろいろ

2023年2月に発売された「NTT東日本 NTT西日本 公衆電話ガチャコレクション」の最新シリーズの一部。本物と見間違うほどの精密さ。

な種類の公衆電話があるんですが、モチーフになりませんか」とのご相談をいただいたのがきっかけです。

——発売前からSNS上で話題になって、発売開始とともに売り切れが続出しましたね。

加藤　企画の立ち上げの時点でスマホの普及によって公衆電話の設置台数は減少しており、ガチャを欲しいと思ってくれる人がいるかどうか、実はかなり不安でした。ただ、私は宮城県出身なのですが、２０１１年の東日本大震災の際、実家に連絡をとるために回線が強い公衆電話を使ったという経験がありました。また、その後に大手通信会社の通信障害があったときも、多くの人々が公衆電話に並んでいる様子をニュースで見て、若い世代の中には公衆電話のかけ方がわからない方が多いということを知りました。飲料の自販機はお金を入れてからボタンを押して購入するのに、公衆電話はコインを入れる前に一旦受話器を上げないといけない。先にコインを投入してしまうと戻ってきてしまい、電話をかけられないですよね。このようなことから「公衆電話の使い方をガチャで学べる」というコンセプトが生まれました。ガチャから何か社会貢献の役割を持たせられると思ったのです。

――このシリーズが素晴らしいのは、公衆電話のかけ方のギミックが本物同様に再現されていることですね。受話器は動くし、ボタンも押せる。コインの返却口も開閉する。このクオリティの半端なさが素晴らしいと思います。再現は大変だったのではないですか。

加藤　中国の生産工場に籠(こも)って、現地のスタッフと何度も試作を重ねました。このガチャを欲しいと思えるものになっているのか、最後まで心配でした。

――でも購入した人は大満足だったと思いますよ。

加藤　あそこまで大きな反響になるとは思ってもいませんでした。真夏に汗だくになりながら、設置されている公衆電話ボックスに籠り計測をしたり、実機と製作中の原型を比べるのに史料館に何度も通ったりと、開発の苦労が報われました。

開発時に企業から聞いた話をリーフレットに反映させる

――「企業コラボもの」ならではのつくる楽しさって何でしょうか。

加藤　「佐川男子」は第3弾までやったのですが、

よりいいネタ出しをするために、佐川急便のドライバーさんたちの研修に参加させていただきました。企業コラボならではの異業種体験ができたりして、興味の幅が広がる楽しさがあります。

――加藤さんが手がけた「企業コラボもの」の商品を見ていると、立体物だけでなく、リーフレットやミニブックもすごく詳しくつくられていて、その企業の歴史が吹き込まれていると思うんですよ。そういう点は素晴らしいと思いますね。

加藤　取材先で各分野のプロフェッショナルの方たちとお会いするので、歴史についてお話を伺う機会があるんです。公衆電話ガチャをつくったときも通信の成り立ちから説明をしていただいたのですが、お話が本当に面白く、せっかく聞いたお話を私だけに留めているのはもったいないと思い、トリビア的な逸話や個々のモチーフの解説や歴史など、すこしだけ知識が広がるようなお手伝いになればと、リーフレットに載せました。

企業の課題解決になるような付加価値を商品づくりに込める

――ガチャガチャには商品のアーカイブとしての価値がありますよね。これまで多くの企業のガチャガチャをつくってこられていますが、ご自身の知的好奇心とは別に、どのようなことを心がけていらっしゃいますか。

加藤　私は、ただモ

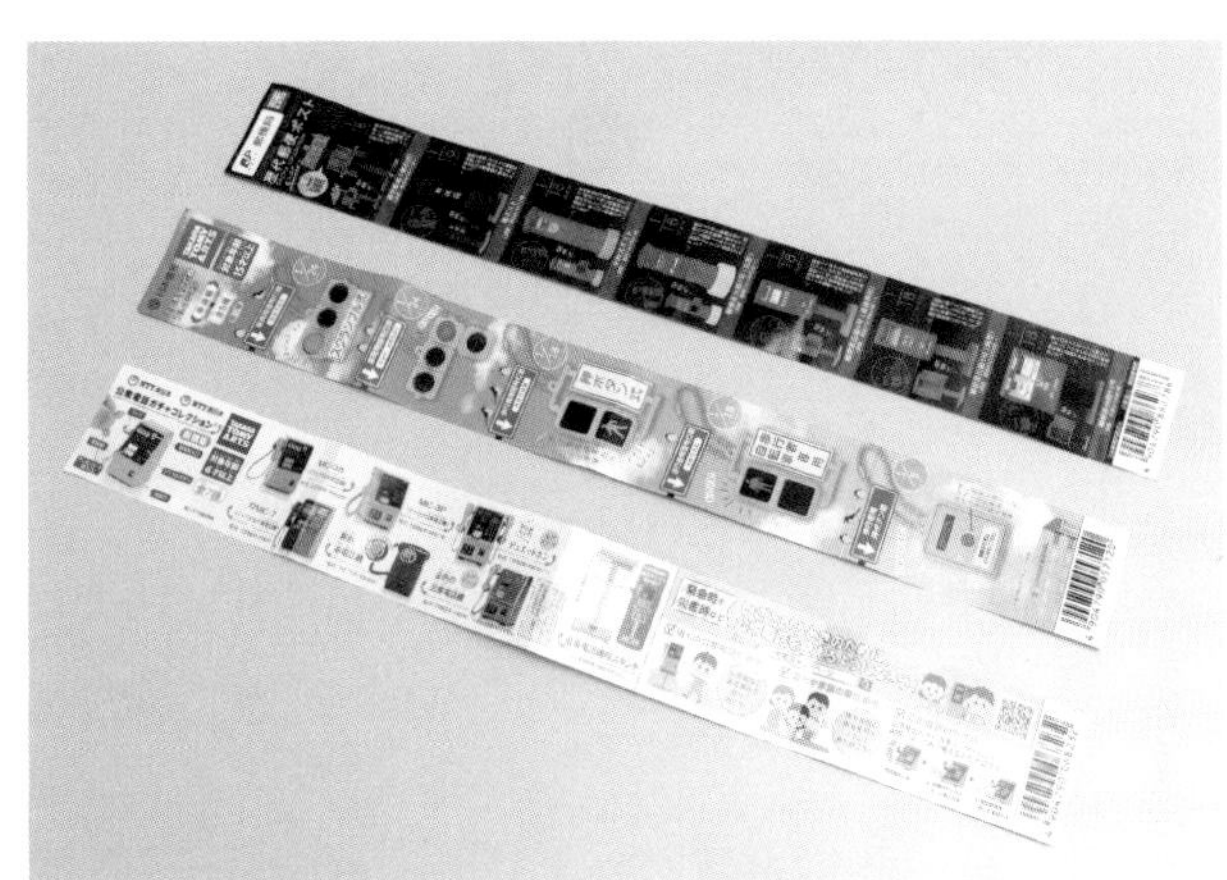

リーフレットもただの広告ではなく、企業からヒアリングした情報を盛り込むようにしている。

「マシーンの前面にセットされるPOPのレイアウトや写真撮影も基本的に自分でやります」(加藤氏)

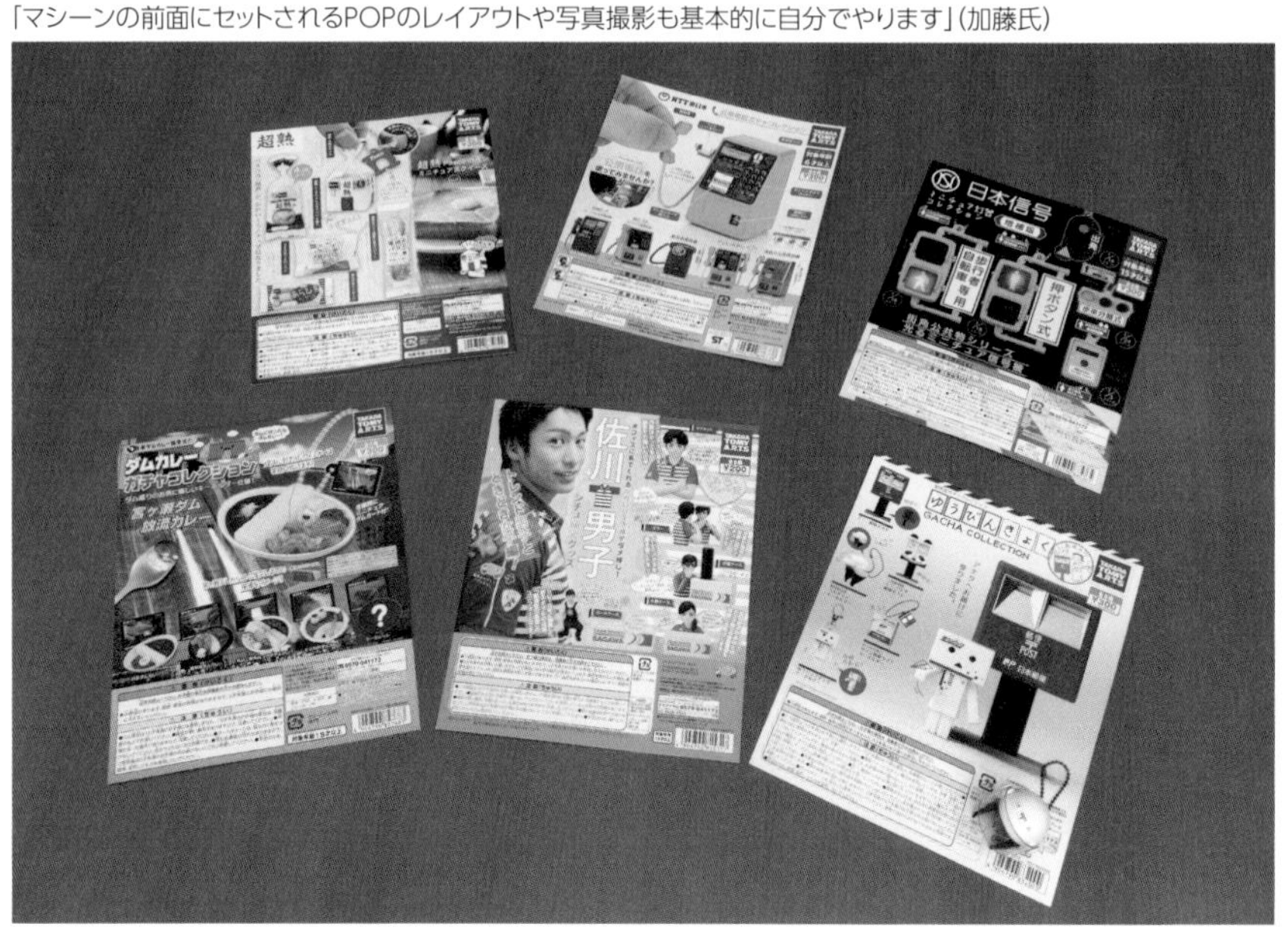

チーフを商品化するだけではなく、後々残るような付加価値を還元したいと思ってつくっています。企業とコラボするというのは、結局のところ、ブランド力の認知拡大といった課題のお手伝いにつながると思うんです。たとえば、先ほどお話しした「ミニチュア灯器コレクション」をつくったとき、ちょうど少し前からLED電球にライトの方式が変わったタイミングで、それまで数社しかなかった信号機を製作する会社が増え、信号機メーカーとしての認知訴求の課題があったようです。そういった事情もあり、先方もガチャの開発に積極的でプロジェクトチームが発足されました。おかげさまでガチャが発売され世間で話題になり、プロジェクトチームの方だけでなく経営陣の方たちからも喜ばれ、微力ながら企業課題解決のお手伝いをガチャでできたのが嬉しかったですね。

――加藤さんの場合、企業側からアプローチを受けるより、ご自分でガチャガチャにしたい企業を探すことが多いのですか。

加藤 基本的に自分で探すことのほうが圧倒的に多いですね。ガチャで商品化できないかなと思えるモチーフを日々探しています。最近はお声がけいただくこともありますが、ガチャらしい付加価値のコンセプトをつけて商品提案させていただいて進めることもあります。意図やメッセージがないと、かえってブランド価値を損ねるようなことになりかねないので、そこは気をつけています。

社員やその家族からの反応が嬉しい

——最近は他のメーカーも「企業コラボもの」を増やしていて、ガチャガチャのジャンルのひとつとして定着したように思います。他のガチャガチャにはない、「企業コラボもの」ならではの達成感はなんでしょうか。

加藤 モチーフになった企業で働いている社員さんのご親族からの反応ですね。息子さんが勤めている企業の商品がガチャガチャになったことを親御さんが喜んでくださったり、「帰省したときに両親と一緒に買いに行きました」などといった担当者の方のお話を聞くと、ガチャって本当に商品以上の価値があって、特別なものになるんだなと感心しています。「郵便局ガチャコレクション」をつくったときに、「亡くなった父が郵便配達員だったので、父の思い出を持ち歩けて嬉しいです」というお手紙をいただきまして、それは今でも大切にとってあります。

THANK YOU

第2章

誰がつくって、誰が売っている？
知られざる
ガチャガチャビジネスのしくみ

1 「メーカー↓代理店↓販売店」基本構造は他業界と同じ

ガチャガチャは儲かるのか？

第1章を読んで、ガチャガチャって儲かると思いましたか？　ご自分もガチャガチャのビジネスに携わりたいと思いましたか？

昨今の市場の拡大を見聞きしたり、メディアの報道を見たりして、ガチャガチャのビジネスに興味を持ち、もっと詳しい話を聞きたいと私のところにいらっしゃる方も多いです。確かに子どもから大人までを含めた購買層の拡大、ショッピングモールなどのガチャガチャコーナーや専門店の増加などで、市場は確実に拡大しています。チャンスありと思うのは当然です。

そうはいっても、他の多くの業界と同様、ガチャガチャの世界にもビジネスのしくみというものが存在します。まったくの異業種から新規に参入したり、いきなり徒手空拳で起業したりした人が、この中に入っていくのは決して簡単ではありません。しかし、まったく不可能ということではなく、少数精鋭でワイワイガヤガヤ楽しくやろうとする分にはすごく面白いビジネスだと思います。

そういうわけで、この章では、一般にはあまり知られていないガチャガチャの業界やビジネスのしくみについて説明いたします。

主なプレーヤーは「メーカー」「オペレーター（代理店）」「販売店」の3つ

多くの業界と同じように、ガチャガチャのビジネスも「メーカー」「オペレーター（代理店）」「販売店」の３つのプレーヤーが存在します。

実際には、メーカーなら実際の生産を請け負う国内外の協力工場や、商品の企画やデザインを請け負う外部デザイナーや企画会社があり、１社だけですべての機能を兼ね備えていることはあまりありません。また、バンダイやタカラトミーアーツのように、自社およびグループ会社で、メーカー、オペレーター、販売店のすべての機能を兼ね備えている会社もあります。

本書では、業界の構造をわかりやすくご理解いただくために、「メーカー」「オペレーター」「販売店」の３つの機能に分けて説明します。

①メーカー

文字どおり、商品の企画や製造を行う企業です。現在日本には、大小合わせて約40社のメーカーが存在します。

②オペレーター

メーカーがつくった商品を仕入れて市場に供給したり、ショッピングモールなどと交渉してマシーンを設置したりする役割を担う企業です。マシーンから上がった収益をメーカーと販売店双方に還元するなど、非常に重要な役割を果たします。

③販売店

オペレーターから供給された商品とマシーンを自社のスペースに置いて、消費者向けに販売を行います。従来はショッピングモールなどの商業スペースやアミューズメント施設などが中心でしたが、近年はガチャガチャのマシーンが置かれる場所が駅、映画館、美術館・博物館、書店などに拡大しています。また、近年急増している専門店の多くはオペレーターが自ら販売店機能を持つために運営しているものです。

在庫リスクはオペレーターが負う

図表8と図表9は、ガチャガチャ業界の流通のしくみと、商品の単価を100円とした場合の各プレーヤーごとの大まかな利益配分を表したものです。

ガチャガチャの場合、同じ商品で販売店によって販売価格が異なるということがありません。また、3カ月前受注がルールとなっています。これはメーカーが発行する新商品情報(「情報書」といいます)をオペレーターが見て3カ月前に発注数量を決定し、その数量をメーカーが生産してオペレーターに納品す

郵便はがき

おそれいりますが
63円切手を
お貼りください。

1028641

東京都千代田区平河町2-16-1
平河町森タワー13階

プレジデント社

書籍編集部 行

フリガナ		生年（西暦） 年
氏　名		男・女　歳
住　所	〒 TEL　（　）	
メールアドレス		
職業または学校名		

ご記入いただいた個人情報につきましては、アンケート集計、事務連絡や弊社サービスに関するお知らせに利用させていただきます。法令に基づく場合を除き、ご本人の同意を得ることなく他に利用または提供することはありません。個人情報の開示・訂正・削除等についてはお客様相談窓口までお問い合わせください。以上にご同意の上、ご送付ください。

<お客様相談窓口>経営企画本部 TEL03-3237-3731

株式会社プレジデント社　個人情報保護管理者　経営企画本部長

この度はご購読ありがとうございます。アンケートにご協力ください。

本のタイトル

●ご購入のきっかけは何ですか?(○をお付けください。複数回答可)

1 タイトル　2 著者　3 内容・テーマ　4 帯のコピー
5 デザイン　6 人の勧め　7 インターネット
8 新聞・雑誌の広告(紙・誌名　)
9 新聞・雑誌の書評や記事(紙・誌名　)
10 その他(　)

●本書を購入した書店をお教えください。

書店名／　(所在地　)

●本書のご感想やご意見をお聞かせください。

●最近面白かった本、あるいは座右の一冊があればお教えください。

●今後お読みになりたいテーマや著者など、自由にお書きください。

どうもありがとうございました。

図表８　ガチャガチャ流通のしくみ

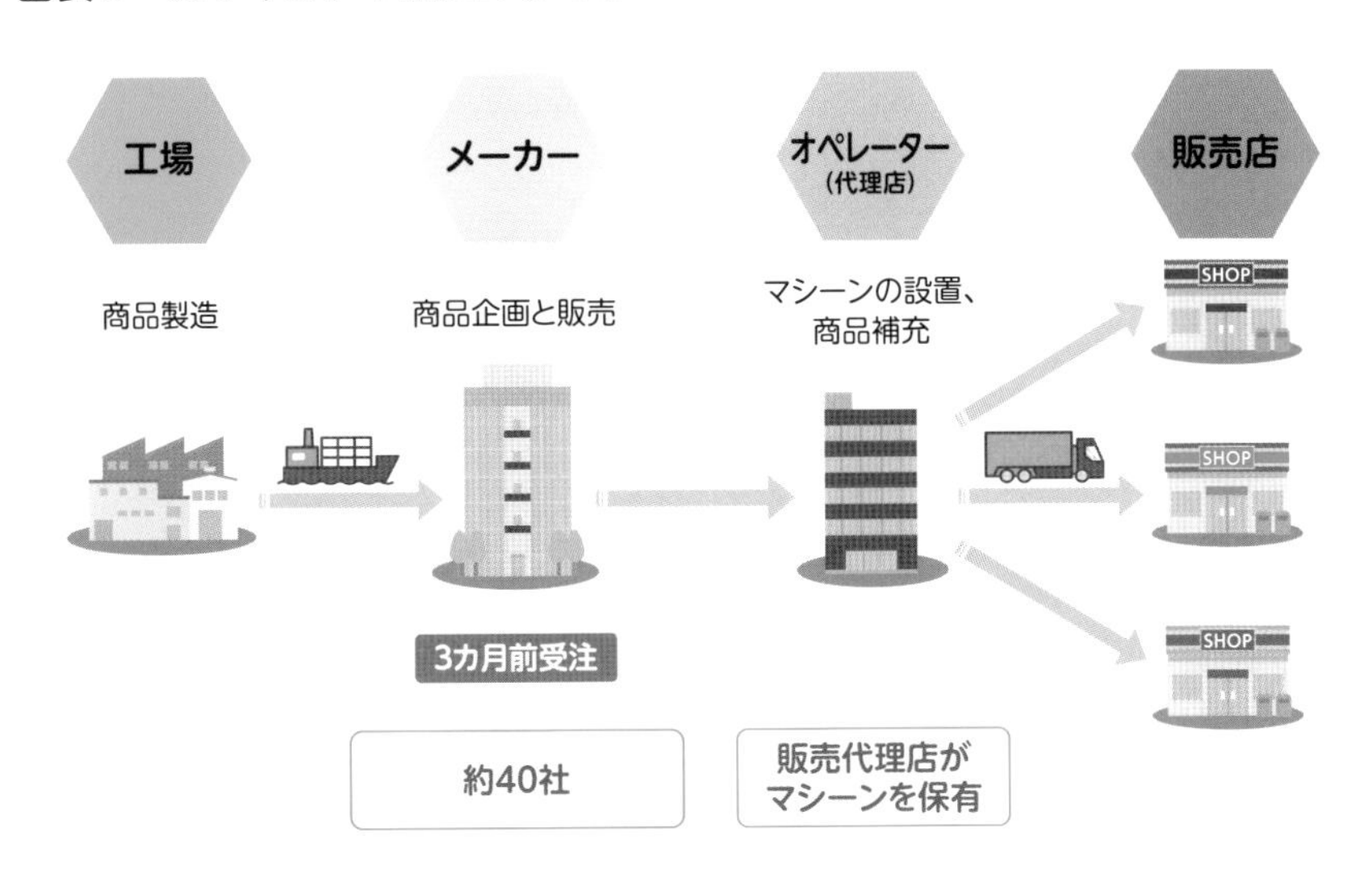

図表９　販売価格を100円とした場合の各プレーヤーの利益

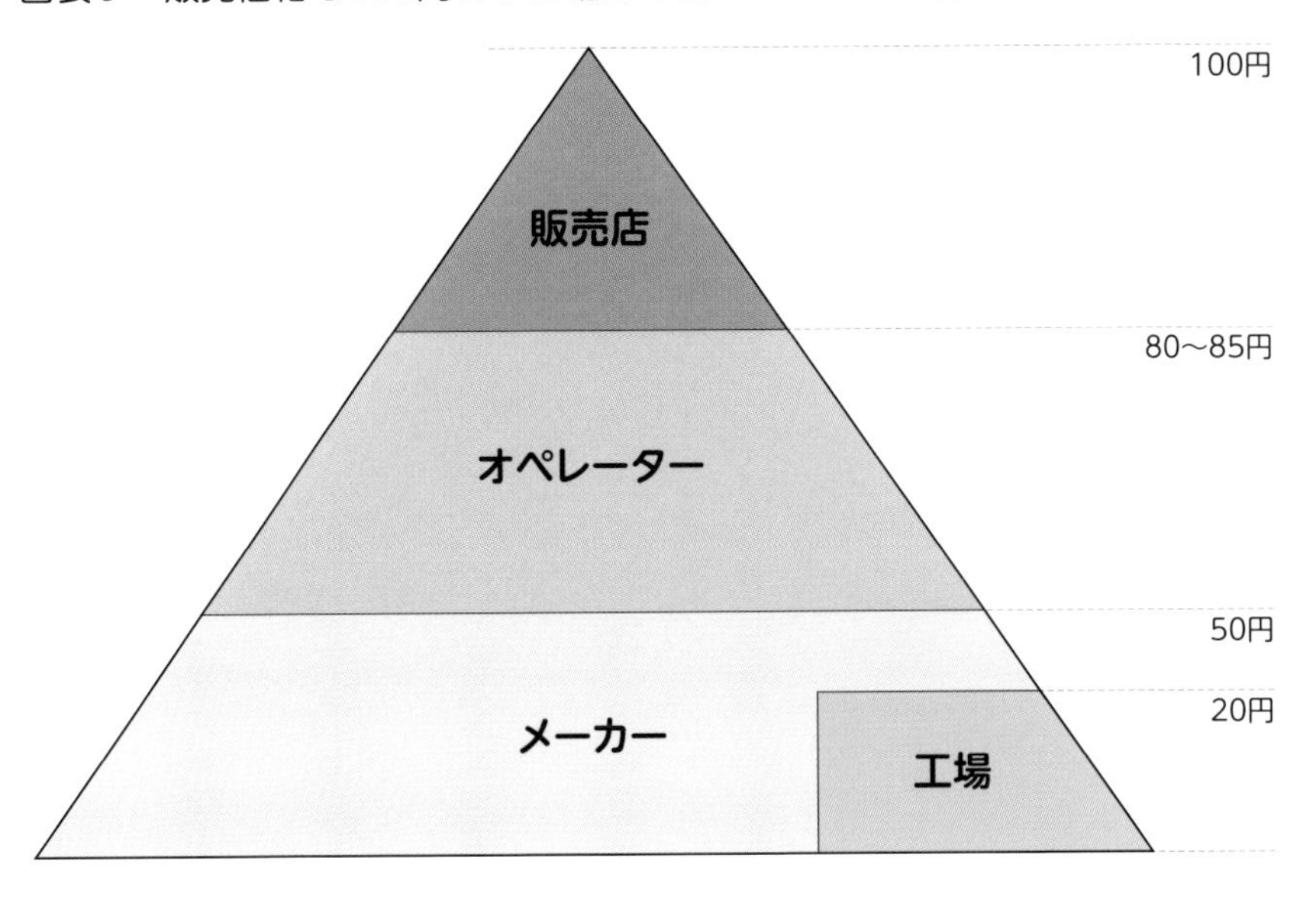

るというしくみです。この数量は商品化するカテゴリーにより目安が決まっており、最低限の受注が取れず、採算が厳しい場合は、メーカーは商品の生産を中止することもあります。

また、販売店で商品が売れ残った場合、オペレーターが在庫のリスクを負うので、メーカーにとっては安心できるシステムではありますが、オペレーターは在庫の分発注量の決定にシビアになります。

新規参入するにはメーカーがチャンス

現在のガチャガチャビジネスの各プレーヤーのうち、オペレーターはすでに寡占状態となっており、また販売店も集客力や大きな売り場面積を持つ商業施設でなければ利益を出すことが難しいため、これから新規にガチャガチャビジネスに参入しようという会社にとっては、メーカーおよびその周辺の商品企画やデザイン関連のビジネスが狙い目ということになるでしょう。

実際、市場の拡大によって、第1章で説明したように多様化したお客を満足させるオリジナル商品が求められています。奇譚クラブが「コップのフチ子」を生んだように、ユニークで革新的な商品であれば、新規参入組でもオペレーターから注文をもらえる可能性は高いと言えます。事実、現在約40社存在するメーカーの大半は、この10年以内に設立された会社です。

既存のメーカーもまた斬新な商品企画を求めています。可愛くて魅力的なキャラクターを描けるデザイナーや、斬新なコンセプトを生み出すのが得意なプランナーで、ガチャガチャのビジネスに興味にある方は、メーカーに売り込んでみればコラボできる可能性は高いでしょう。

私がこれまで約30年間にわたってガチャガチャの業界で仕事をしてきた経験から誤解を恐れずに言うと、今までにないユニークな商品、他人と違った自分ならではの感性を全面に出した商品を世に出したいと思っているクリエイティブな人にとって、ガチャガチャこそが、その夢を最速で実現できる世界ではないかと思います。また、そのような人にこの業界のことをもっと知ってもらいたくて、年に数回、都内で「渋谷ガチャガチャナイト」というイベントを開催し、メーカーやクリエイターとの交流の場を設けています。ご興味ある方は、ぜひご参加いただければと思います。

2 ガチャガチャ業界のメインプレーヤー① メーカー

バンダイとタカラトミーアーツのツートップが市場の7割を握る

ここからはプレーヤーごとにもう少し詳しく解説していきます。

メーカーは言うまでもなく、ガチャガチャのカプセルの中身をつくる企業です。ガチャガチャが「コト消費」であるとはいっても、お客は最終的にカプセルの中身を手に入れたいわけで、その意味でガチャガチャのビジネスで最も重要なプレーヤーと言っていいでしょう。

とはいっても、ガチャガチャ業界に身を置いているわけではない一般の方で、ガチャガチャメーカーの名前を5つ以上挙げられる方はそんなに多くはないと思います。多くの方々はメーカーの名前を意識することなく、マシーン正面の商品を紹介するPOPの写真を見て、何を回すか選択しているはずです。

では、ガチャガチャのメーカーは今現在で何社あるのでしょうか。

私が把握しているかぎり、約40社です。「そんなにあったの？」と思う方が多いのではないでしょうか。

ガチャガチャメーカーの名前を普段あまり意識していない方でも、バンダイとタカラトミーアーツの2

社は何となく認識していると思います。第1章のガチャガチャの歴史のところでもお伝えしましたとおり、この2社は早くから参入しており、市場の7割を握るなど、圧倒的な存在感を示しているからです。また、この2社は著名なIP（マンガやアニメ、ゲーム、映画などのキャラクター）を多数押さえており、子どもが欲しがるガチャガチャの大半はこの2社がつくっています。

さらに、ガチャガチャの中身だけでなく、マシーンをつくっているのもこの2社だけなので、マシーンには必ずこの2社のいずれかの名前が入っており、否応なしにインプットされます。

この10年でメーカー数は4倍に？

では、バンダイとタカラトミーアーツの2社が市場の大半を押さえているので、それ以外のメーカーはすべてマイナーな存在かというと、そうではないのがガチャガチャビジネスの面白いところです。

ガチャガチャ史に残る大ヒットとなった「コップのフチ子」を2012年に世に送り出したのは、2006年にできた、当時としては新興メーカーであった奇譚クラブでした。この「コップのフチ子」の大ブレイクによって、オリジナルキャラクターを用いた商品でも大手メーカーが保有するIPを使った商品を上回る大ヒットを生み出せることが証明され、以後、多くのメーカーがガチャガチャ市場に参入するきっかけとなりました。その多くは、アミューズメント産業、プライズメーカー、フィギュアメーカーなど、比較的ガチャガチャに近い業界です。

「コップのフチ子」がリリースされた時点でガチャガチャメーカーの数は10社に満たなかったので、この10年あまりでガチャガチャメーカーの数は4倍にも増えたということになります。この急増したガチャガチャメーカーによって、現在の多種多彩なオリジナル商品が生み出されているわけです。

ガチャガチャ企画のポイント

ガチャガチャは商品力がシビアに問われます。

「カプセルに収まるサイズでなくてはならない」「販売価格が数百円で薄利多売であるため、生産コストをギリギリまで抑えなくてはならない」といった制約をクリアした上で、いかにオリジナリティあふれる付加価値をつけるかが競争力となります。

また、商品だけでなく、売り方も考えなくてはなりません。何が出てくるかわからないのがガチャガチャの特徴とはいえ、欲しいものが出るまで何度も回し続けてもらうためには、たとえ〝ハズレ〟であってもある程度の満足をお客に与えなくてはならず、逆にコンプリートしたくなってもらうためのラインナップを考える必要があります。

それから肝心の商品がカプセルに入っていて見えないため、お客へのアピールはマシーンの正面に貼られているＰＯＰを通して行うしかありません。各社とも「思わず欲しくなる」ようなデザインやキャッチコピーをひねり出すのに頭を悩ませています。

メーカーにとってのガチャガチャの面白さ

ガチャガチャは基本的に完全受注生産です。前述したように、発売の３カ月前にオペレーターからの注文数が決まり、しかも在庫リスクはオペレーターが負うため、メーカーにとっては商品開発する際に思い切った企画が立てやすいということが言えます。たとえば、「30代前半のＯＬ、独身」など、ターゲットをきめ細かく設定し、狙った層にピンポイントで刺さるようなユニークな商品開発が可能です。

また、以前は高クオリティの商品をつくれる技術力のある会社は限られていましたが、近年は３Ｄプリンタの登場によって、細かい設計で高品質な商品をつくれるようになりました。

したがって、小さい会社でも小回りの良さを活かして、斬新な商品企画を大手を上回るスピードで展開することができれば、ヒット作を生み出せる可能性があります。実際、小さな会社がプロデュースしてヒットさせた商品を、大手が追随するということも起こっています。

メーカーにとってのガチャガチャの難しさ

だからといって、ガチャガチャが誰でも気軽に参入できるということではありません。

まず、企画に対するオペレーターの反応がよくなければ、期待した発注数量をもらえず、生産を中止に追い込まれることもあり得ます。オペレーターもこれまでの実績を重視するので、信頼関係を築くには、コンスタントにヒットを出し続けているという実績が必要です。

次に、メーカーが増えたことによる競争の激化や初期受注数の低下も挙げられます。以前はガチャガチャメーカーの数が少なかったので、初期受注数は10万個を超えることが普通でしたが、現在は多くて3万個、通常は1万個程度まで下がっています。近年、金型をつくらなければならないフィギュアやミニチュア系よりも、キーホルダーやアクリルスタンド系のライトな商品が増えているのは、メーカーが商品の製作にかかる時間やコストを圧縮せざるを得ない状況を示しています。

それから、ガチャガチャは価格の違いを100円単位で考えなくてはならないため、販売価格をいくらに設定するかを、他業種に比べてシビアに考える必要があります。学生などの若年層を取り込もうと思えば価格は300円が上限になるでしょうし、購買力のある大人を専らターゲットにするのであれば500円でもOKでしょう。販売価格によって、製造原価にいくらかけていいのかも変わってきます。100円の違いが購入者の心理に影響を与え、売上が大きく変わってくるのです。

近年は中国の人件費の高騰や、ウクライナ侵攻による原材料費の高騰、円安による仕入れコストのアップなど、価格上昇圧力が増しています。これまで値段の安さがガチャガチャの魅力のひとつと言われていましたが、現在主流の300円が400円になったとき、市場に与えるは大きいと思われます。

メーカーの名前（ブランド）はPOPの右上か左下をチェックしよう

ガチャガチャメーカーの名前はどこをチェックすればいいのでしょうか？

一番手っ取り早いのは、マシーンに貼られているＰＯＰの右上か左下をチェックすることです。ほとんどのメーカーがどちらかに自社の名前（あるいはブランド）を記載しています。ガチャガチャを買った後であれば、同封されているリーフレットに記載されている社名でメーカー名を確認することもできます。

ちなみにマシーン自体は、前述したようにバンダイかタカラトミーアーツのいずれかがつくっており、流通を取り仕切るオペレーターが購入しているため、カプセルの中身をつくっているメーカーとは直接関係ありません。要するに、バンダイやタカラトミーアーツのマシーンの中にメーカー各社のガチャガチャが詰められているということです。バンダイのマシーンだから中身を全部バンダイがつくっているというわけではなく、バンダイのマシーンの中にタカラトミーアーツの商品が入っていたりその逆もあったりします。紛らわしいですが、混乱しないでください。

代表的なガチャガチャメーカーの一口紹介

ガチャガチャメーカーの名前に関心を持つと、各社のオリジナリティやこだわりといったものが少しずつわかってくるようになります。

キャラクターのフィギュアが得意な会社、精巧なミニチュアが得意な会社、ユニークな企画で勝負している会社など、それぞれ特徴があります。もちろん、あるメーカーでヒットした商品と似たようなものが別のメーカーから出ることは当たり前のようにありますし、従来キャラクターものが多かったバンダイやタカラトミーアーツも、近年はオリジナルものを増やして全ジャンルを網羅するようになったり、逆に新興メーカーの中にも著名ＩＰの権利を取得して出していたりする会社があります。

以下は、ガチャガチャメーカー約40社の中から、私の独断と偏見で選んだ、注目のメーカー17社に関する簡単な紹介です（会社設立年順）。

ポイントは商品づくりに対する哲学やこだわりです。各社とも独自のこだわりに加えて多彩なラインナップを展開していますので、私の紹介を読んで興味を持たれた方は、ぜひ各社のウェブサイトやＳＮＳをチェックしてみてください。より詳細な情報を得ることができるでしょう。

◎株式会社バンダイ（本社／東京都台東区、設立／1950年7月）
https://www.bandai.co.jp/、https://gashapon.jp/

ガチャガチャ業界だけでなく、日本の玩具メーカーの雄と言うべき存在です。

元々は株式会社萬代屋という玩具問屋として創業、その後、玩具メーカーに転じ、１９６１年に現代のバンダイに社名変更します。１９７７年にガチャガチャ業界に参入を果たしました。１９８３年に「超合金」で有名なポピーや「ガンプラ（『機動戦士ガンダム』のプラモデル）」で有名なバンダイ模型などのグループ7社を吸収合併した総合玩具メーカーとなります。１９９８年には「たまごっち」が社会現象となるほどの大ヒット。２００５年には総合エンタテインメント企業グループ「バンダイナムコグループ」のトイ・ホビー事業の基幹企業として活動しています。

ガチャガチャメーカーとしてのバンダイの特徴は、なんといっても多くの著名ＩＰを押さえていることを強みにした圧倒的な存在感です。「ガシャポン」という商標で事業を展開しています。キャラクターものを中心としつつも、近年はオリジナル商品の品ぞろえを強化し、毎月１００アイテム以上をリリース、年間総出荷点数は約1億個という突出した存在です。２０１８年からリリースを開始した、生き物の体のしくみを忠実に再現した「いきもの大図鑑」シリーズは累計１０００万個という大ヒットになりました。

また、第1章で説明したように、パチモノ全盛だった黎明期のガチャガチャ業界で正しくライセンス処理をするルールを確立させたり、「3カ月前受注制度」という現在まで続くガチャガチャ業界の取引ルールを定着させたりした功績も大きいです。

その他、紙カプセルやカプセルレス商品の投入、キャッシュレスマシーン「スマートガシャポン」や最高２５００円までの商品を発売できるマシーン「プレミアムガシャポン」、自走式のマシーン「ガシャロイド」などの先進的マシーンの開発、グループ会社による専門店「ガシャポンのデパート」の全国展開、公式オンラインショップ「ガシャポンバンダイオフィシャルショップ」の展開拡大やオンライン販売の強化と、海外店舗「バンダイガシャポンオフィシャルショップ」の出店と、常に業界に先んじた試みを行っています。まさにガチャガチャ業界のけん引役と言うべき存在です。

◎株式会社ビーム（本社／東京都足立区、設立／１９８０年９月）

https://beam.toys/

創業はタカラトミーアーツより古く、玩具・雑貨販売店である「キデイランド」の社員が独立して設立した会社です。面白い商品、クスッと笑えるような雑貨を、製造から卸、販売までを自社で一気通貫で手がけています。スクイーズもの（触って楽しむ商品）やスーパーボールなど、昔ながらのガチャガチャ商品のつくり方を継承しています。

◎株式会社タカラトミーアーツ（本社／東京都葛飾区、設立／1988年2月）
https://www.takaratomy-arts.co.jp/

バンダイに次ぐ業界第2位のメーカーです。「株式会社ユージン」として設立された後、タカラトミーの子会社となり、2009年に現在の社名となりました。「何が出てくるかわからないドキドキ・ワクワクを楽しんでもらいたい」というコンセプトの下、もう1個買ってもらうにはどうすればいいかを常に考え、コレクション性の高い商品開発に注力しています。著名キャラクターなどのトレンド商品に加え、大人受けするユニークな商品、キッズ&ファミリー向け、「企業コラボもの」など、全方位をターゲットとする商品を提供できることが強みであり、市場のニーズに合わせながら様々なヒット商品を創出しています（「企業コラボもの」に関する同社企画部加藤しずえ氏のインタビューを第1章に掲載）。

また、第1章で説明したとおり、「スリムボーイ」という画期的なマシーンを開発し、ガチャガチャ市場の拡大に貢献しました。

◎株式会社ケーツーステーション（本社／大阪府岸和田市、設立／1988年4月）
https://k2-st.co.jp/

元々は携帯電話の代理店（ａｕショップ）としてスタートした会社で、携帯グッズの企画販売を手がけたことをきっかけに、ガチャガチャ業界に参入したという歴史を持っています。

これまでのヒット作としては、くら寿司、キッコーマン、イチジク製薬、人気サンドイッチハウスであるメルヘンとの企業コラボものを多く販売していますが、「りきさく～税に関する書道展～アクリルバッジ」などのユニークな商品開発にも熱心です。

また、回転寿司チェーン大手の「くら寿司」との取引関係が長く、同社の名物「ビッくらポン」の景品の7割をこの会社がつくっています。中身だけでなく、カプセル自体もつくっており、「ビッくらポン」では紙カプセルを導入しています。

※紙カプセルについては、以下のサイトを参照。

https://k2-st.co.jp/toycapcel/

◎株式会社ケンエレファント（本社／東京都千代田区、設立／2000年2月）

https://kenelephant.co.jp/

ミニチュアや絵本キャラクターのフィギュアなどが人気のメーカーです。

創業者は元々ペプシ・コーラのボトルキャップについていたおまけ（ベタ付け）をつくっていた人で、事業拡大のためにガチャガチャビジネスに参入しました。精巧なミニチュアづくりで知られる海洋堂と長くビジネスをしているため、ものづくりのクオリティは高く、企業コラボものでは人気家具メーカーであるカリモク家具やソロキャンプ用テントなど、再現度の高いミニチュアを中心に、専門店でマーケットでのシェアを広げています。最近は「楽屋弁当ミニチュアコレクション」が大ヒットしました。独特の切り口で大人の女性の中でもとくにハイブランド層を狙っています。

また、メーカーでありながら、「ケンエレスタンド」という専門店を運営しており、在庫切れの商品を除いた自社製品のほとんどを扱っています。

◎アイピーフォー株式会社（本社／東京都豊島区、設立／2002年5月）
https://www.ip4.co.jp/

親会社である「システムサービス」という会社からガチャガチャ事業を移管されたという経緯があります。「たれぱんだ」から始まるサンエックス系のファンシー系キャラクターなどのぬいぐるみを得意としていましたが、近年はＩＣチップを使った音系の商品「ダッシュ無用！ピンポン」「我が家のお湯張りボタン」が大ヒットしました。

◎株式会社奇譚クラブ（本社／東京都渋谷区、設立／2006年9月）
https://kitan.jp/

本書の中で何度も登場する「コップのフチ子」の大ヒットで、大手2社以外でもメガヒットを出せることを証明し、多くのガチャガチャメーカーに多大な影響を与えた革命児的存在です。社長の古屋大貴氏はユージン時代からのタカラトミーアーツの出身。「フチ子」の後も、「紙袋に入った猫」「猫舌茸フィギュアマスコット」「おにぎりん具」などユニークな商品を続々と世に送り出しています（古屋氏のインタビューを第3章に掲載）。

◎株式会社エール（本社／東京都台東区、設立／２００８年11月）
https://yell-world.jp/
「合掌」シリーズや「つぶらな瞳」シリーズなど、動物系の可愛いキャラクターフィギュアを多く出している会社です。音系の「玄関チャイム」も話題になりました。ガチャガチャの中心価格帯が上昇している昨今にあって、１００円や２００円という低価格帯商品にも力を入れています。高価格帯商品にはその吸引力が話題となった「デスクトップクリーナー スフィア」があります。

◎株式会社SO－TA（本社／東京都渋谷区、設立／２００９年４月）
https://www.so-ta.com/
最近「スタジオソータ」という新ブランドを発表しました。ものづくりにすごくこだわっており、造形作家「Yoshi.」氏とコラボした「紬ギ箱」シリーズや造形作家「カズマタイキ」氏とコラボした「ロピアタン」シリーズなど、作家とコラボしたハイセンスなデザインかつプラモデル並みに可動域の広いオリジナルキャラクターのフィギュアが話題となりました。その他には、ヒトや爬虫類の「骨格」シリーズも人気です。

◎株式会社いきもん（本社／東京都あきる野市、設立／２０１４年11月）
https://naturetechnicolour.com/
奇譚クラブから分社化し、同社の自然科学分野のフィギュア「ネイチャテクニカラー」シリーズを継承しています。他にも「えびふらいふ」「タコの耳栓コレクション」「能美防災火災報知器コレクション」など、ＳＮＳでバズらせることを意識した商品を多数リリースしており、売り方も奇譚クラブを彷彿とさせます。

◎株式会社ブシロードクリエイティブ（本社／東京都中野区、２０１５年2月設立）
https://bushiroad-creative.com/

カードゲームやトレーディングカード、キャラクターグッズで有名なブシロードの子会社です。ガチャガチャでもキャラクターものを得意とし、ＳＮＳやＬＩＮＥスタンプで人気のキャラクター「おぱんちゅうさぎ」や人気ゲーム「APEX LEGENDS」などのキャラクターなどをガチャガチャで展開しています。

その一方で、オリジナルブランド「ＴＡＭＡ－ＫＹＵ」を別途展開しており、こちらではちょっと尖がった変わり種の商品を出しています。初期の代表的作品では「事務的なはんこ」「マジで割れる瓦」、最近は「間取りキーホルダー」、クレーンゲームのアームを再現した「マジでつかめるキャッチャー」が話題となりました。

◎ウルトラニュープランニング株式会社（本社／東京都豊島区、設立／２０１５年7月）
https://www.u-np.jp/

元々はクレーンゲームのプライズ（景品）を手がけていた会社ですが、近年ガチャガチャに参入しました。一枚一枚手書きの「お母さんの秘伝カレーレシピ」や「お兄ちゃんからの手紙」などの手紙シリーズなどの「ネタ系」商品が話題になりましたが、メジャーなキャラクターも扱っています。

◎株式会社クオリア（本社／東京都豊島区、設立／２０１６年４月）
https://qualia-45.jp/

スイーツや身の回りの面白いテーマをモチーフにした「にっこリーノ」ぬいぐるみシリーズでファンを獲得しているメーカーです。社長の小川勇矢氏は大学までサッカーのプロ選手を目指しながら、ガチャガチャの世界に入ったという異色のキャリアの持ち主です。インターネットでの情報発信にも熱心で、ユーチューバー「チャラ社長」として自ら情報発信をしています。

組み立て式にすることによってビッグサイズを実現し他の商品と組み合わせても楽しめるということで好評だった「団地のドア」シリーズ、造形作家「佐藤」氏とコラボして絶望感を再現した「すべてがおしまいになったカエル」「すべてがおしまいになったウサギ」など、小川社長のモットーである「カプセルを開けたときの驚き」を追求した商品が現在、市場で大好評です（第３章に小川氏のインタビューを掲載）。

◎株式会社トイズキャビン（本社／静岡県静岡市、設立／２０１７年１月）
https://toyscabin.com/

社長が車好きということで、車関連にこだわった商品づくりをしています。最近は「１／64立体駐車場コレクション」が話題となりました。キャラクターものでは「仕事猫ミニチュアフィギュアコレクション」が有名です。また、ロングセラー「バスの降車ボタン」シリーズや「卓上呼び出しボタン」シリーズなどもリリースしており、音ものの先駆者です。他にも「1／24プロパンガスコレクション」「戦国の茶器」シリーズ、「1／24デザイナーズチェアコレクション」など、マニアックなミニチュア系が好きな人にとってはうれしい会社です。

◎株式会社ターリン・インターナショナル（本社／東京都台東区、設立／2017年7月）
https://www.tarlin.jp/

博物館や美術館のショップでよく見かける土偶や埴輪、仏像のシリーズが有名です。元々玩具メーカーであるため、王道的な玩具チックの商品も出しています。最近は「手のひらネットワーク機器」「仮設トイレ」シリーズなどで、ミニチュアファンを唸らせています。2022年に発売された「ねぎ袋」シリーズが累計30万個、第3弾まで出るヒットとなりました。

◎株式会社ブライトリンク（本社／東京都新宿区、設立／2018年6月）
https://brightlink.co.jp/

〝最高にクレイジーなモノづくり〟をテーマに掲げており、2022年にリリースした「ギャルが折った折り鶴」がSNS上で大きな話題になった会社です。奇をてらった商品だけでなく、昭和レトロのホテルのキーホルダーなどを出しています。経営者が女性であるため、女性の視点で考えられている商品が多いという印象を受けます。

◎株式会社トイズスピリッツ（本社／東京都府中市、設立／２０１８年９月）
http://toysp.co.jp/

「本当に作れる！ダイキャスト製！ざ・かき氷マシーン」「本当に使える!?ミニチュアウォーターサーバー」「本当に鳴る！奏でよ！グランドピアノ＆オルガンマスコット」「本当に光る！蛍光灯マスコット」「本当に使える!?水が出る学校の水道マスコット」など、１つ買ってしまうともう１個欲しくなるような、１ギミックを付加した精緻なミニチュアが話題の会社です。他には、食品サンプルをモチーフにした商品、実用性とユニークさを両立させたポーチを多数リリースしており、ものづくりに対するこだわりを強く感じます。

縁の下の力持ち、中国などの協力工場

最後に現在のガチャガチャビジネスを支える縁の下の力持ち的な存在として、多くのメーカーが生産を委託している中国の協力工場について触れます。

１９７３年の変動為替相場制への移行や１９８５年のプラザ合意で円高が進み、日本の製造業は海外に生産拠点を移転するようになりました。同じ時期に改革開放政策に踏み切って外資誘致を進めた中国が１９９０年代以降、安価かつ豊富な労働力を武器に、「世界の工場」として多くの国のものづくりを担ってきたことはよく知られています。日本企業も、電化製品やパソコン、スマートフォン、アパレル、その他１００均ショップなどで売られている雑貨など、あらゆるものが中国なしには存在しえない状況となり

ました。

ガチャガチャ業界も例外ではありません。かつてアメリカ向けのガチャガチャの中身の製造を日本企業が担っていたのと同じように、今では日本向けのガチャガチャの中身の製造を中国企業が担うようになりました。

第2次ブームのきっかけとなったフル彩色のフィギュアは中国の工場でつくられています。もちろん日本のメーカー側から相当な技術指導があったためですが、実際に製造を行う中国側の技術的向上と安価で豊富な労働力がなければ、日本のガチャガチャのクオリティがここまで上がることはなかったと思います。

もちろん、近年の経済発展で人件費が高騰し、また円安ということもあり、中国でのモノづくりが年々難しくなっていることは報道されているとおりです。実際、業界によっては、ベトナムやインドなどに工場を移転させたり、場合によっては日本国内に回帰する動きもあります。

しかし、ことガチャガチャに関しては、私がヒアリングするかぎり、依然として中国での生産が有利と思っているメーカーが多いようです。これまで築き上げた工場との信頼関係に加えて、商品によってはベトナムでパーツや材料が調達できずに結局中国から取り寄せなくてはならなかったり、でき上がった商品の日本への輸送も中国からのほうが有利だったり、中国のガチャガチャ市場の可能性を考えると中国との関係性を切るのは得策ではない、などというのが主な理由のようです。

カプセルを開封するとわかりますが、まだまだ多くのガチャガチャ商品が「メイド・イン・チャイナ」です。そう考えると中国の今後の情勢がガチャガチャビジネスに与える影響は無視できません。

クリエイターの果たす役割

大人向けガチャガチャ商品が急増するのに伴い、ガチャガチャの企画やデザインを仕事にするクリエイターも増えています。

メーカーが増えて売り込み先が増えたこと、自分たちの名前・ブランドをアピールできること、ガチャガチャを通して自己表現ができること、などがその理由です。

たとえば、本書の第３章のインタビューに登場するザリガニワークスは、２人のクリエイターが創業したマルチクリエイティブ会社ですが、奇譚クラブからリリースされた「土下座ストラップ」が大ヒットしました。最近もブシロードクリエイティブからリリースされた「石」シリーズが話題となっています。

また同じく第３章のインタビューに登場する乙幡啓子さんは「ほっケース」や「神獣ベコたち」などのユニークな雑貨の創作活動で知られていましたが、これらがガチャガチャでもリリースされると大ヒットとなり、現在はガチャガチャを中心に活動をされています。

近年はメーカーが美大出身者を採用し、商品の企画や開発を社内で進めていることも増えましたが、ユニークが重視されるガチャガチャ商品で、独立系クリエイターの果たす役割はまだまだ増えていくと思います。

3 ガチャガチャ業界のメインプレーヤー② オペレーター（代理店）

商品を流通させる縁の下の力持ち的存在

カプセルの中身をつくるメーカー、実際にマシーンが置かれている販売店に比べて、一般の消費者がオペレーターの存在を意識する機会はあまりなく、その業務内容を正しく理解している人は少ないと思います。

オペレーターとは、メーカーの代理店に相当する存在です。具体的には、マシーンや商品をメーカーから仕入れて自社の所有物とした上で、ショッピングモールなどの販売店と交渉して設置料（売上の15～20％程度）を支払う代わりにマシーンを置かせてもらい、商品の補充や売上の集金、マシーンのメンテナンスなどを行います。また、商品はメーカーからオペレーターが買い取る形になるので、在庫リスクはオペレーターが負います。

また、オペレーターのもう1つの重要な機能は、市場の開拓です。ガチャガチャが売れそうな場所（ロケーション）を発見して、どのような品ぞろえをすれば効果的かを考えます。

このように、オペレーターがいなければ、メーカーがどんなに魅力的で売れそうな商品をつくったとしても、市場に流通させることはできず、コストを回収することもできません。メーカーがガチャガチャ市場に参入するには、オペレーターとの間に取引口座をつくるのが大前提となります。

ハピネットとペニイの2社が中心的存在

オペレーターは、北海道から沖縄まで全国に存在し、各地域に根づいた会社が現在のガチャガチャのビジネスを支えています。

メーカーで業界1位のバンダイはハピネット、2位のタカラトミーアーツはペニイというオペレーター会社をグループ内に抱えており、この2社で市場の7割程度を占めています。残りの3割がトーシン、プレステージ、クリエイションコム、スプリング、ビーム、斎藤企画、バンジハンエースなどの会社です。

4 ガチャガチャ業界のメインプレーヤー③ 販売店

昔は駄菓子屋の軒先に置かれていた

一般の消費者にとって、ガチャガチャを購入するのはショッピングモール内のガチャガチャコーナーや専門店です。その意味で最も身近な存在だと思います。

50歳以上の方であれば、ガチャガチャといえば、個人経営の駄菓子屋や文房具店の軒先、あるいはスーパーなどのエスカレーターの下にマシーンが置かれているイメージが鮮明だと思います。

第1章で説明したように、1990年代にタカラトミーアーツから「スリムボーイ」という画期的なマシーンが登場したことで、ガチャガチャの販売ルートは大きく変貌することになります。デパートやGMS（総合スーパー）、ショッピングモール、家電量販店、書店、CDショップ、ゲームセンター、外食店舗、映画館、博物館／美術館、そして駅や空港、高速道路のサービスエリアなど、大勢の人が集まる場所であればどこでもマシーンを見かけるようになりました。ただし、多くても20～30台規模と、あくまでも各店舗の売上の補助的な存在でした。

専門店が登場

従来の販売店の数の増加が鈍化する中で近年成長してきたのが、一店舗につき数百台から千数百台ものマシーンを設置している「専門店」と呼ばれる販売形態です。市場全体ではまだＧＭＳが首位を占めていますが、近年の市場全体の伸びをけん引しているのは、この専門店です。

その先駆者的存在が、株式会社ルルアークが運営する「ガチャガチャの森」です。２０１７年に第1号店をオープンさせた後、２０１８年以降、店舗数を一気に拡大し、２０２３年7月31日現在で全国に86店舗を展開しています。

専門店と呼ばれる店舗はそれ以前からも存在していましたが、「ガチャガチャの森」が画期的だったのは、白を基調とした清潔かつ明るい照明で大人の女性にも入りやすい店舗設計にしたことです。さらに常駐の接客スタッフを置き、お客からの問い合わせに応じられるようにしました。また、カプセルの中身を知りたいお客向けにディスプレーを設けて、購買欲をかき立てました。これが見事に当たり、以後５～６年の間に追随する他の専門店チェーンが続々と現れました。

専門店が増えた背景には、光熱費や人件費などの出店コストの安さや設置期間の短かさなど、従来型の店舗に比べて、ガチャガチャ専門店の出店のハードルの低さが挙げられます。

現時点での主な専門店チェーンは図表10のとおりです。コロナ禍を経て人口の多い東京や大阪の一等地では空き店舗に各チェーンの新規出店が相次いで、まさに〝戦国時代〟とも言える様相を呈しています。

図表10　主要ガチャガチャ専門店

チェーン名	運営会社	店舗数
ガチャガチャの森	株式会社ルルアーク	86
ガシャポンのデパート	株式会社バンダイナムコアミューズメント	89
ガシャココ	株式会社ハピネット	90
シープラ	株式会社トーシン	100
ドリームカプセル	ドリームカプセル株式会社	48
GORON!	株式会社GENDA GiGO Entertainment	30
カプセルラボ	株式会社カプコン	18
ガチャステ	株式会社タカラトミーアーツ、 株式会社ペニイ、株式会社タイトー	12
カプセル楽局	株式会社ゲオ	8
ケンエレスタンド	株式会社ケンエレファント	5
ガチャ処	株式会社プレステージ	5

注1　各店舗数は2023年7月31日現在の各社ホームページ情報に基づく
注2　「ガシャポンのデパート」には「本屋さんのガシャポンのデパート」も含まれる

ガチャガチャの場合、運営チェーンや店舗の立地によって品ぞろえは多少異なりますが、３００円の商品が別の店では２００円で売られているようなことはありません。

ガチャガチャの価格自体に競争原理が働かない分、品ぞろえや内装のデザイン、サービスなど店舗ごとのカラーが差別化要因になります。今後、競争が激化するにつれ、チェーンごとに個性を打ち出す必要が出てくるでしょう。

たとえば、専門店の先駆けである「ガチャガチャの森」は、店員の教育に非常に力を入れています。本章の最後に運営会社である株式会社ルルアークの長友伸二社長のインタビューを掲載していますが、同社では自らを単にモノを売っている販売業ではなく、「ワクワク」「ドキドキ」を売っているサービス業であることを研修でしっかりと教えているということです。

実際、「ガチャガチャの森」の店舗を訪れると「いらっしゃいませ」、マシーンを回すと「ありがとうございました」という店員さんの掛け声が聞かれ、従来のお客ひとりで完結する印象が強かったガチャガチャ購入のイメージを一新しています。

また、バンダイのグループ会社であるバンダイナムコアミューズメントが運営する「ガシャポンのデパート」の池袋総本店のマシーン設置台数は３０１０面と、「世界一カプセルトイ機が多い店」としてギネスブックに掲載されました。２０２３年4月にオープンした「ガシャポンバンダイオフィシャルショップ東急歌舞伎町タワーｎａｍｃｏＴＯＫＹＯ店」では、３Ｄ映像が流れるマシーン「ガシャポン オデッセイ」が登場して、映像を楽しみながらガチャガチャができるようになっています。

専門店の増加が商品やメーカーの増加を支えている

ここ10年間のガチャガチャメーカーの増加、バンダイやタカラトミーアーツの大手2社も商品数を増やしていることなどに伴い、毎月リリースされる新商品も300～400シリーズと倍増しています。専門店は増加した商品の受け皿となっています。

ガチャガチャの市場は一般に商品のライフサイクルが短く、約1カ月で商品が入れ替わることが普通です。結果的に売り場は新商品中心となり、消費者もまた新商品を求めていることが多いので、多数の新商品が激しく競争している状況です。多彩な商品を販売することが、店舗の売上アップにつながるため、専門店が増えれば増えるほど、新商品が求められる構図です。そして、新商品の増加が新規お客のさらなる獲得に結びつくという好循環が生まれています。

書店との複合店も現れた

近年注目されているのが、バンダイナムコアミューズメントが運営する専門店「ガシャポンのデパート」と大型書店のコラボである「本屋さんのガシャポンのデパート」です。

近年の出版不況やデジタル化の波で、書店の数は減少の一途をたどっており、売上や集客のアップの手段として、文房具売り場やカフェを併設する複合店が増えています。書店とガチャガチャのコラボもその延長線上の考え方にあると思います。

ともに集客力があるコンテンツを扱い、そしてどちらも日本の多彩なカルチャーを体現する存在である書店とガチャガチャのコラボは個人的にすごく面白いと思っています。

これまで専門店は都市部のデパートや大型商業施設への出店が中心でしたが、都市部への出店が一段落すれば、今後は郊外にある書店や玩具店、アミューズメント施設、家電量販店、温泉ＳＰＡ施設などへの出店が進み、複合店という互いの集客力を補完し合う形での出店が増えていくのではないかと思います。今や子どもから大人まで、あらゆる層をターゲットにするようになったガチャガチャにはそれだけの力があるのでしょう。

長友伸二（ながとも・しんじ）
株式会社ルルアーク　代表取締役社長
1962年福岡県生まれ。大学卒業後、藤田観光株式会社に入社。1987年、大長商事株式会社（現ルルアーク）に入社し、新たな業態・店舗のオープンを先導。数多くのイノベーションに携わる。2013年1月より現職。

Interview

第4次ブームのけん引役「専門店」。業界に革命を起こした「ガチャガチャの森」誕生の秘密

第4次ブームの象徴と言えるガチャガチャ専門店の出店ラッシュ。その先駆けが2017年に1号店がオープンした「ガチャガチャの森」です。「ガチャガチャ=子ども向けの軒先ビジネス」という固定観念を打ち破って、「大人の女性も楽しめる専門店」という画期的なコンセプトを打ち出し、現在（2023年7月）までの6年間で約90店舗（姉妹店、フランチャイズ、パートナーシップ店を含む）を全国に出店するという大成功につなげました。その発想の源について、運営会社である株式会社ルルアークの長友伸二社長に聞いてみました。

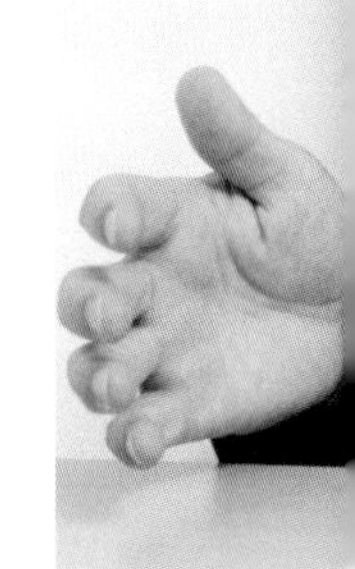

民事再生に追い込まれたからこそ生まれた、逆転の発想

――最初に「ガチャガチャの森」をつくられた経緯について、お話しいただけるでしょうか。

長友　当社は１９５８年の創業で、当初は喫茶店やデパートの食堂などに置かれていた自動おみくじ機を扱っていました。その後、アミューズメント事業とカプセルトイ事業に参入していきましたが、リーマン・ショックの煽りを受けて２００９年に民事再生手続きの申し立てを行うことになりました。再生計画をつくるうえで、ガチャガチャのビジネスモデルは基本的に「軒先商売」で、機械の設置場所を借りて歩率何％を払うというものでしたので、同業他社との差別化が難しいという問題がありました。売り場を増やせば売上は伸びるものの、同時にコストも嵩みます。結局はキャッシュが残らないという壁にぶち当たってしまいました。もう一度戦略を見直そうと思ったのが２０１４年のことです。

――そのとき、現在の「大人の女性も楽しめる専門店」という着想を得られたのですか。

長友　２０１２年から「コップのフチ子」が大ブレークしていて、お客様の中に「大人女子」が結構来られていることはつかんでいました。ならば、マニアや子ども相手ではなく、大人の女性が落ち着いてガチャガチャを楽しめる場所を展開してみようという考えに行き着いたのです。それが２０１７年に第1号店がオープンした「ガチャガチャの森」です。

――「ガチャガチャ専門店」というまったく異なる新たなコンセプトのお店を出店するにあたって、どんなことに気を配られたのでしょうか。

長友　従来型の店でガチャガチャを回している女

東京の若者のメッカ、原宿の竹下通りにある「ガチャガチャの森」原宿アルタ店。80坪のスペースに1,220台のマシーンを置いている。

性を見ていると、お店の表側からは見えにくい、裏側の機械で買われているんですね。ならば内装を明るくおしゃれにして、敷居を低くしてあげることで大人がガチャガチャを回していても恥ずかしくないという雰囲気をつくってみようと考えました。そして、内装のデザインや商品の陳列の仕方などを試行錯誤しながら少しずつ変えていきました。また、カプセルの中身を見せるためのディスプレイも設置しています。従来のガチャガチャ売り場では考えられないことですが、自分たちを小売業であると考えたら当たり前の発想です。

——お店の売上はどのように変わっていったのでしょうか。

長友　最初に出したお店は、1年目は200万〜300万円程度でしたが、2年目3年目になると大人の女性が完全にメインのお客様となったので、倍ぐらいの売上を出すようになりました。以前のガチャガチャの売り場のコンセプトではメインのお客様は子どもですから、実際に使われるのは親御さんのお金であり、「○○ちゃん、今日は2個までよ」という制限がかかるわけです。しかし、大人の女性が大人買いをすることによって支出の制限がなくなり、客単価が確実に上がっていきました。たとえば、あるシリーズをコンプリートしたい場合、300円の商品で5種類あったら売上は1500円で終わるかというと、当然ダブりがありますから2000円ぐらいは平気で使うお客様が増えてきました。

ガチャガチャはコト消費だ

――「ガチャガチャの森」は各店舗に必ず接客スタッフがいることも画期的だと思います。

長友　かつてのガチャガチャには「まがい物じゃないの」「変なものが出るんじゃないの」みたいな不安がどうしてもつきまとっていたので、それを払拭するために接客スタッフを置きました。商品に対するお問い合わせに対して、商品説明がきちんとできるスタッフがいる環境を維持することで安心感につながり、ますます大人のお客様がガチャガチャに新しい楽しみを覚えてくれるようになったと思います。

――店舗スタッフの教育はどのようにされているのでしょうか。

長友　トレーニング専門部隊がいて、トレーナーが約1カ月、付きっ切りで接客の指導をしています。今回新しく、ア

一万円札に対応した両替機（上）やカプセルの中身を陳列するディスプレイ（下）。

パレル業界で20年近く働いて現在は接客のトレーニングをしている専門家を入れて、接客の見直しをかけています。

——そこまで徹底されるのはなぜでしょうか。

長友　私が社員に常日頃言っているのは、「我々は物売りではない」ということです。世の中がモノ消費からコト消費に変わってきているなかで、我々はコト消費、つまりお客様に「ワクワク」「ドキドキ」を売っているんだと言っています。機械にコインを入れてハンドルを回すという行為はまさしくコト消費です。また、ガチャガチャの場合、基本的に初期ロットしかつくられないので、一度売り切れたら次はもう買えないという一期一会の世界観があり、「トキ消費」とか「エモ消費」というキーワードでも語ることができます。

専門店戦国時代での差別化戦略とは

——「ガチャガチャの森」が先鞭をつけた形で、追随する他の専門店の出店がすごく増えています。まさに戦国時代ですが、御社として差別化はどんな形で考えられていますか。

長友　我々は今POS（販売時点情報管理）システムを全店の全台に展開しています。「何が、いつ、どこで売れたか」というデータをリアルタイムで取れるようにしました。店の立地が違えば売れ筋も変わりますので、各店の売れ筋の数量をデイリーに把握して今後の発注に結びつけて、品切れを起こすなどのチャンスロスをつぶすようにしたいと考えています。それから、「どこのお店に、どの商品が、今何個ある」という情報が取れるので、「ガチャガチャの森」のアプリをつくって、お客様に情報提供できるのではないかと考えています。これらは他社ではまだ提供できていない、当社ならではの差別化です。それから2024年春までに新しい物流センターを開くのですが、完全に自動仕分けで相当な物量を土日も出荷できる体制を構築することで、売り場のチャンスロスをつぶしていき、売上の向上とお客様へのサービス向上につなげたいです。

「ガチャガチャの森」から他業界が学べること

――御社はガチャガチャという、一見固定化されたように見える業界に新風を吹き込みました。ガチャガチャ業界以外の業界に対して、何か提言のようなものはあるでしょうか。

長友　固定観念から脱却することの大切さですね。たとえば、民事再生した際に従来型のアミューズメント施設をかなりリストラしたのですが、その中で出てきたのが「ニコニコガーデン」という新業態です。あれには単なる子どもの室内遊び場ではなく、「お母さんに優しい休憩場、ママ友づくりの場」という裏コンセプトがあるんです。低料金でお子さんを連れて遊びに来られるわけですが、お子さんたちが走り回っている横で、テーブルに座っているお母さん方には飲み物を無料で提供して、持ち込みも可にしています。アミューズメント施設としての売上自体は大したことはないのですが、ゲームセンターを併設しているので、帰りにUFOキャッチャーで何百円か落としてくれたらそれで十分というビジネスモデルがうまく成り立ちました。どんなに完成したビジネスでも、発想の転換次第で変わるということはあらゆる業界に共通することではないでしょうか。

店内にある不要なカプセルのリサイクルボックス。楽しんでリサイクルに協力してもらおうという遊び心にあふれている。

第3章

フロントランナーに聞く、ガチャガチャビジネスで成功する方法

KABEDON
AHAHA♡
LUNLUN♪
SAITE!!
TITANIC
PILLOW TALK

古屋大貴（ふるや・だいき）
株式会社奇譚クラブ　主宰
1975年埼玉県生まれ。株式会社ユージン（現タカラトミーアーツ）でカプセルトイを学び、2006年に独立して株式会社奇譚クラブを設立。他社に負けない独創的なアイデアとクオリティで次々とヒット商品を手がけている。

Interview 1

シリーズ累計2000万個「コップのフチ子」生みの親が語るガチャガチャビジネスの未来

現在のガチャガチャ業界は、バンダイとタカラトミーアーツというツートップに対し、多くの中小メーカーが独創的な商品で挑むという図式になっています。その源流をつくったのが、2012年にリリースされて現在までにシリーズ累計2000万個という、ガチャガチャ業界史に残るエポックメイキングとなった「コップのフチ子」です。同社代表の古屋さんに経営スタイルおよび業界の今後の見通しを聞いてみました。

最大のヒット作「コップのフチ子」。「どうすれば売れるか」よりも「どうすれば面白がってもらえるか」を考えたという。

売上目標はつくらない

――奇譚クラブは今年（２０２３年）で創立何周年になりますか。

古屋　２００６年創立ですから17年目です。あと数年で20年ですね。

――「奇譚クラブは売上を気にしていない」と、以前メディアのインタビューでよくおっしゃっていましたが、それは今でも変わりませんか。

古屋　売上目標がないのは変わらないですね。

――普通の会社は売上目標を立てるじゃないですか。それはしないんですか。

古屋　うちの目標が１つあるとしたら、毎月運転するために必要な資金３０００万円を確実に稼ぐことくらいですね。運転資金だけキープしておくという自転車操業を17年間続けています。

――それで困ったことはない？

古屋　私なりのロジックは一応あるんです。その年の売上の背骨となる手堅いアイテムを1年間の中に何個か仕込んでおきます。その上で、来年以降の稼ぎ頭となる新しくて面白いアイテムを仕込んでいくわけです。

――現在の売上はどのぐらいですか？

古屋　30億円前後ですね。今年はライセンスものですが「ちいかわ」が好調でした。

第二、第三の「フチ子」はどこから生まれる？

――奇譚クラブさんといえば、漫画家のタナカカツキさんと組んで２０１２年にリリースした「コップのフチ子」がシリーズ累計２０００万個というメガヒットとなり、現在のオリジナルガチャガチャ隆盛の基盤となり、同時に新興のメーカーが増えるきっかけともなりました。今ガチャガチャメーカーは40社近くまで増えましたが、先

ショールームに展示されている数々のヒット作。「どこにも無いアイデアとクオリティをモットーに愛のあるモノづくりをする。」が共通する価値観。

達として現在の状況をどう思われますか。

古屋　メーカー間の競争はシビアになっていますが、消費者にとっては商品のバリエーションが増えて、さらに楽しいガチャガチャの世界が広がっているのではないでしょうか。特に最近見ていて感じるのは、「フチ子」で育った若いクリエイターたちが現在メーカー各社でユニークな企画をしていることですね。以前はキャラクターのパワーに頼っていたり、他社のパクリみたいな商品が散見されましたが、目新しいものが増えてきたように思う。まだまだパクリも多いですが……。

――確かに各社の最近の商品は、どこもそれぞれの特徴が出てきたと思います。

古屋　「フチ子」は11年前に我々が生み出したけど、若い世代のクリエイターが第二、

乙幡啓子さんとコラボした「やきとリング」。

第三の「フチ子」みたいなものを生んでくれたら嬉しいですね。そうすると、こちらも刺激を受けますから。

SNSのつながりから新たなスターが誕生する

――これからガチャガチャ業界に参入したい人や企業に対して、メーカーの立場からのアドバイスはありますか。

古屋　基本的にそんなに大きくは儲からないと思ったほうがいいです（笑）。

――でも奇譚クラブさんは儲かっているわけじゃないですか。どういうふうにしたら儲けられるかを多分みんな知りたいと思います。

古屋　一番簡単な方法は、メジャーなキャラクターのライセンスを押さえることですが、これは歴史の浅い新規参入会社にとってはなかなか高いハードルです。一方、オリジナルは素人が考えたキャラクターがSNSを通じていきなりバズるかもしれない可能性を秘めています。そういった意味では、まだ誰も知らない「ダイヤの原石」とも言える人材をいち早くキャッチすることができれば、成功できる可能性はあります。もちろん、その原石を花開かせられるかどうかは、メーカーのプロデューサーの腕次第ですが、新しいウェーブがいつ、どこから生まれてくるのか楽しみではありますね。私が期待しているのは、それまで素人同然の、一方は絵が上手で、

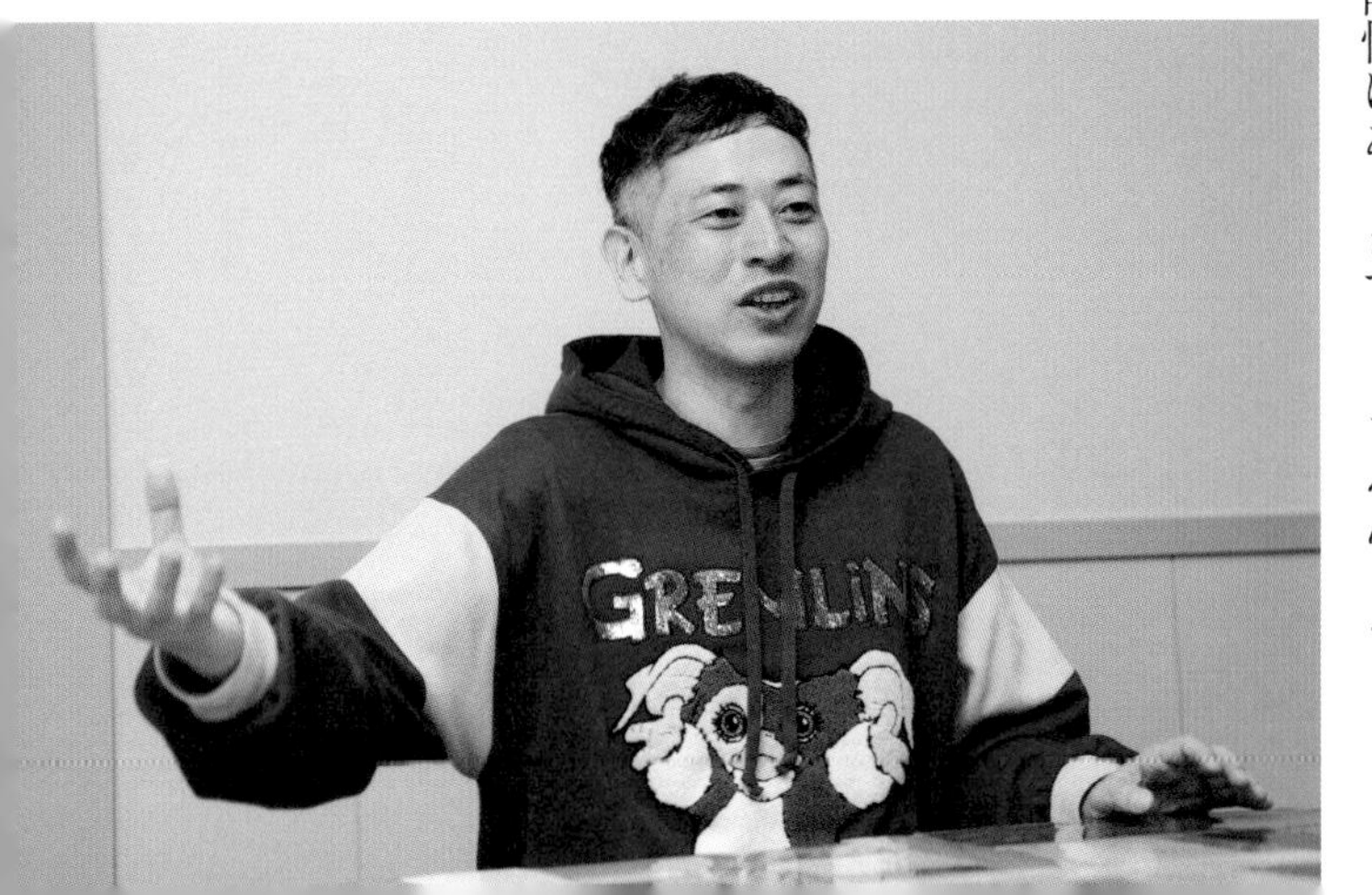

昭和の小学校の木造教室をモチーフにしたオフィスの内装。

もう一方はプロデュース力に長けている二人組が、何かのきっかけでSNS上で知り合って、我々の世代が感知しないようなところからブームをつくって、ガチャガチャはもちろんキャラクター業界全体をかき回すようなことになることです。そうなったらめちゃくちゃ面白いですね。

――やっぱりSNSがガチャガチャに与えた影響は大きいですよね。「コップのフチ子」もSNSで火がつきましたから。では、第二、第三の「フチ子」もSNSで生まれるかもしれませんね。

古屋　その可能性はあります。ただ、それは本当に奇跡だと思います。簡単にできるのだったら、第二、第三の「フチ子」がとっくに生まれていいはずです。だって、「キンケシ（キン肉マン消しゴム）」が流行った後、「フチ子」が出るまでに30年近くが経っているわけで、確率的には奇跡だと思うんです。だから、第二、第三の「フチ子」を自分たちでつくろうという気構えでは、かえって生まれないだろうと思う。

――もっと若い世代の中から、面白いものが生まれるというわけですね。

古屋　そう。今会社にいるメンバーというよりも、これから新しく入ってくる社員がそういうものを生むのではないかと思います。

――テレビを観ずにSNSだけで生きているような世代だから、今までとはまた違うユニークなものが出てきそうですよね。

古屋　彼らにはデジタルが最初からあるわけで、生きていくための下地が我々とは全然違いますからね。

デジタルでガチャガチャはどう変わる？

――ガチャガチャ業界にとって、キャッシュレスなどのデジタルも別の意味で新たな可能性を秘めていると思われますが、古屋さんはどのように見ていらっしゃいますか。

古屋　デジタルはものすごい可能性を秘めていると思います。現在はリアルなモノを買うことが大前提となっていますが、デジタルコンテンツを買うことができるようになれば、音楽でも、アニメーション、コント、アートでもなんでも販売することができるようになる。しかもスマホさえあれば、そこで完結する。そこがポイントだと思います。

――なるほど、色々な可能性がありそうですね。だけど、ガチャガチャへの応用には色々とハードルがありそうな気がします。

古屋　ベースとなる仮想通貨やＮＦＴ（非代替トークン。ブロックチェーン技術を活用した偽造不可な鑑定書・所有証明書付きのデジタルデータのこと）自体がまだ一般的ではないですよね。これがある程度普及してもっと簡単にいろんなことができるようにならないと、コストが合わず、現実のビジネスにはあまり広がらない気がします。

――私たちの世代にデジタルは今ひとつピンとこないですが、若い世代はこれまでのガチャガチャの座組みにとらわれないので、すごいものが出てくるかもしれませんね。

古屋　「フチ子」の発売当時10歳だった子どもが今年は就職しようとしています。だからこの先、10年は面白くなると思いますね。

Interview 2

新規参入組ながらヒット連発で年商20億円！〝チャラ社長〟からみた、ガチャガチャビジネスの面白さ

小川勇矢（おがわ・ゆうや）
株式会社 Qualia（クオリア）
代表取締役
1988年埼玉県生まれ。2010年に株式会社奇譚クラブに営業として入社し、「コップのフチ子」をはじめとする大ヒット商品に携わる。2016年に独立して株式会Qualiaを設立。「わくわくするものづくり」をテーマにする。

株式会社Qualia（以下、クオリア）の小川勇矢社長は、創業わずか7年で年商20億円を達成するなど、ガチャガチャ業界で今最も注目されているヒットメーカーのひとりです。小川氏は元々プロサッカー選手を目指しており、前職で携わるまでガチャガチャとは無縁の生活を送っていたという異色のキャリアの持ち主です。そんな小川氏に、ガチャガチャビジネスの面白さや難しさ、そしてクオリア（ラテン語で「自分らしい」という意味）として大切にしているこだわりについて率直に聞いてみました。

ネーミングはガチャガチャの〝命〟

――拡大し続けるガチャガチャ市場の中で、クオリアの商品はとりわけ絶好調ですが、「にっこりーノ」など商品の名前をつけるのがうまいですよね。

小川 初期の商品は僕がすべて考えましたが、最近はスタッフもある程度僕の考え方を理解して、商品のネーミングにも〝クオリアらしさ〟を追求してくれていますね。「クオリアらしい」とはどういうことかというと、たとえば、この商品は普通の揺れているプリンとして造形していますが、「躍動感があるだけのプリン。」というちょっと長いネーミングにすることによって、ただのプリンが俄然面白くなる。以前は単純にかわいいキャラクターをつくったり、精巧さを追求したりするだけで売れていましたが、同じような商品が増えた今、商品の背景やストーリーが感じられることが必要です。「なるほど、面白いな」というお客さんの共感につながってこそ、売れるのではないかなと思っています。

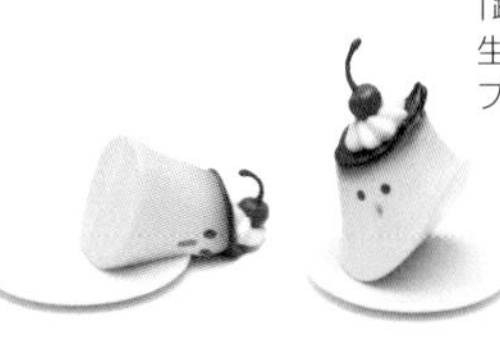

「躍動感があるだけのプリン。」生き生きとした造形で思わずプリンが食べたくなる？

――一方で、基本的にスタッフのアイデアはボツにしないということですが、具体的にはどうされているのでしょうか。

小川 ボツになりそうな企画やアイデアでも、ブレストなどをすることによって、違う形で商品化できるようにしています。たとえば、この「豚の貯金箱と仲間たち」は、最初に営業が「豚の貯金箱のフィギュアをつくりたい」と言ってきたのですが、僕は「それはちょっと違うな」と思ったんですよ。そこで営業と「豚の貯金箱であれば、フィギュアではなく、実際に貯金箱として使えて、なおかつカプセルレスで展開したら面白いじゃない

「豚の貯金箱と仲間たち」。実際に貯金箱として使うことができる。

の」という話をしたんです。結果、ヒットして、今シリーズのパート3まで進めています。

SNSでも〝クオリアらしさ〟を追求する

――私が思うに、「クオリアらしさ」の1つに、SNSを利用することに長けていることが挙げられると思います。そのあたりはどんなポリシーでやられているのでしょうか。

小川　僕らが大手の会社と違うのは、基本的にオリジナル商品をメインにして勝負していることです。マスメディアでの露出がほとんどないオリジナル商品を売るには、何かしらの付加価値をつけなければいけない。そう思って、2年前からユーチューブで情報発信をはじめました。僕自身がユーチューバーの「チャラ社長」として出演し、それを視聴者が面白いと思ってくれたら、オリジナル商品でも売れると思うんです。クオリアのファンをつくると同時に、僕自身のファンもつくりたいという意図がありました。大事なのが継続です。最初は大阪の取引先から「おもろくない」とガチンコで言われてしまいかなり凹みましたが、週3回ずっと継続しています。先日、イベントで札幌に行ったとき、子どもたちがお父さんお母さんと一緒に走ってきて、「チャラ社長」と声をかけてくれたんです。「一緒に写真撮りたいです」「ようやく会えました」と言われて、本当に嬉しかったですね。オリジナル商品だからこそ、社長である僕自身が出演して商品のコンセプトを伝えることが大事だと思っていたので、やって本当によかったと思います。

「ネコのペンおき」。実際にボールペンやシャープペンシルを手の上に置くことができる。

メーカーの経営者からみた、ガチャガチャの面白さ

――小川社長は以前、新聞のインタビューで「ガチャガチャで億万長者になりたい」と言っていましたが、今でもその考えに変わりはありませんか。

小川 僕はガチャガチャは儲かると思っています。ただ、最初から儲けようと思ってやっているわけではなく、どちらかというと「損して得取れ」的なスタンスです。金型代など初期投資がかかるので最初は赤字になることが多いのですが、ファンの人たちはうちの造形に対するこだわりを理解してくれているので、最終的にペイしています。実際、10商品出せば2商品は必ず再販しているんですよ。あと3商品ぐらいは色変えやパート2に必ずつながっています。初期生産分で終わってしまう商品はあまりありません。

――そういう意味ではクオリアのヒットの確率はすごく高いと思います。これからガチャガチャ業界に参入したいという人に対して何かメッセージはありますか。

小川 本気でやりたいと思っているなら、ぜひチャレンジしたほうがいいです。僕自身、28歳で独立して、これまでなんとか会社を維持できているので。ただ、「儲かるからやる」のではなく、「ガチャガチャが好きでやりたい」と思ったほうが成功すると思います。

――ガチャガチャの仕事で一番楽しいのはどんなところでしょうか。

小川　僕が一番楽しいのが、お客さんから「クオリアのつくるものって、めちゃくちゃいいですね」と言われることです。造形がしっかりしているとか、サイズが大きいとか。そういった声を聞くのがすごく楽しいですね。

――今サイズが大きいとおっしゃいましたが、最近300円や400円の商品が増えてきて、昔の感覚ではちょっと高いと思う人もいると思います。その点、クオリアの商品をみていると、同じ値段でも他社に比べて商品が大きい気がします。これは意図的ですか。

小川　先ほどの「損して得しろ」の話になりますが、カプセルを空けて中身が小さかったら、お客さんはちょっとがっかりすると思うんですよね。逆に開けてみて「大きい。どこのメーカーかな」と思ってクオリアのユーチューブを見てくれたら、こんな変な人が社長をやっている(笑)。それですぐにファンになってもらえるかどうかはわかりませんが、そういうことの積み重ねがめちゃくちゃ大事だろうと思って、ずっと継続していかなければと思っています。

ガチャガチャ業界から他業種が学べること

――最後にお聞きしたいのですが、今ガチャガチャとはまったく異なる業界にいる人たちに対して、ガチャガチャのこういった部分にこれからのビジネスのヒントがあるということは何かありますか。

「クオリアらしさ」にこだわってつくられた商品群。小川氏がホストを務めるユーチューブ番組のタイトルも「クオリアらしさチャンネル」。

小川 他業界の人に対してひとつ言えるとしたら、我々メーカーは常に新しいガチャガチャのネタを探していて、1カ月単位でいろんな企画を考えなければいけません。あちこちにアンテナを張って、短時間で企画を立案して実現することの大切さは多分どの業界ともリンクする話だと思います。それから、できあがった新作のプロモーションについても、膨大な数の商品がズラリとある中でお客さんの目に留まるようなＰＯＰをデザインしたり、心に刺さるキャッチフレーズを考えたりすることの重要性も、多分どの業界でもリンクする。写真1枚の見せ方とか言葉の付け方次第で、商品が売れたり売れなかったりするというのは、どの業界も一緒です。

そういった視点でガチャガチャを見ていただけると、他業界の人にとっても参考になることが多々あるのではないでしょうか。言葉って本当に大事だと思います。

有限会社ザリガニワークス

武笠太郎（右:工作担当）、坂本嘉種（左:デザイン担当）によるマルチクリエイティブ会社。「コレジャナイロボ」「自爆ボタン」「土下座ストラップ」など、ガチャガチャを含む玩具の企画開発、デザインを軸にしながら、キャラクターデザイン、作詞作曲、ストーリー執筆など、ジャンルにとらわれないコンテンツ制作を広く展開。

Interview 3

独自のクリエイティブの出発点は「楽しさ」。シビアなガチャガチャの世界を講義でも再現

ガチャガチャメーカーにおけるオリジナル商品の開発は、社内の企画スタッフのほか、外部クリエイターの力を借りて行うことが一般的です。「グッドデザイン賞」を受賞した「コレジャナイロボ」やシリーズ累計310万個を売り上げた「土下座ストラップ」など、ガチャガチャクリエイターの先駆けとして知られるザリガニワークスの武笠太郎さんと坂本嘉種さんにクリエイターとしてのガチャガチャの面白さについて話を聞いてみました。

カルト的人気を誇る木製玩具「コレジャナイロボ」も2009年にタカラトミーアーツから携帯ストラップとしてガチャガチャでリリース。

ガチャガチャを手がけたきっかけ

――お二人は、ガチャガチャクリエイターの先駆けだと私は思っています。ガチャガチャの仕事を始められたきっかけについて教えてください。

武笠　前職で僕は玩具をつくっていて、坂本はアミューズメントゲームをつくっていました。二人が合流してザリガニワークスを設立してから、ガチャガチャの仕事を始めたのは、そこからの自然な流れかもしれないですね。

坂本　部活動のノリのまま会社を始めてしまったので、ガチャガチャに限らず、面白いことなら何でもやろうみたいな感じでしたね。

――２００１年に発表した「コレジャナイロボ」がその後、大ブレークして、２００８年に「グッドデザイン賞」に選ばれたわけですが、ガチャガチャの仕事を実際に始められたのはその後ですか。

武笠　ガチャガチャは会社設立時から携わっていました。僕の前職からの仕事の流れで、たまたまお話をいただく機会が続いた感じですね。

――ガチャガチャで最初に商品化されたのは何でしょうか。

坂本　いろいろ出しましたが、僕らがまったくのイチから提案したものという意味では、２０１０

年に奇譚クラブさんから発売された「土下座ストラップ」が最初だと思います。企画会社を立ち上げたものの、企画自体にお金が出にくい業界の中で、クリエイターとして積極的に自分たちの名前と顔を売り出して、それが付加価値になるようにやっていこうと思っていました。先駆けという言い方は口はばったいですが、何もなかったところにその業態を作ったという自覚はありますね。

——武笠さんは今、「地産ガチャ」（神奈川県相模原市）をやられていますよね。ああいうのはやっぱり町おこしのためにやられたりしているのですか。

武笠　それが大義名分ですが、実は面白いからやっているだけです。つまるところ、ガチャガチャのビジネスって、そうじゃないですか。こんなに多くの人や企業が参入してきて、歯を食いしばりながらやっているのは、やっぱり面白いからなんだろうなとすごく感じますよね。

坂本　結局はそこなのかもしれないですね。他の商材だと、企画から発売まで時間がかかったり、動きが重たかったりするところがあるんですけど、ガチャガチャの場合、「やりましょう」となったら、ワーッと進んでしまう。その辺が僕らのスピード感と相性が良かったのかなという気はしますね。

「共感性」「遊び心」「双方向性」ヒット商品の要素

——今、毎月出るガチャガチャの新シリーズが４００ぐらいあるんですよ。あの中から「選ばれしもの」になるのは結構すごいことです。

武笠　そうですね。僕らもガチャガチャの企画は

2010年に奇譚クラブからリリースされた「土下座ストラップ」シリーズ。累計300万個を超える大ヒットに。

毎月出していて、何か革新的なものを出したいなといつも考えているんですけど、難しいですね。

坂本　ガチャガチャの新しい流れみたいなものをつくりたいといつも思っていますけどね。

——最近のガチャガチャを見ていると、ひねりがあるものが少なくなっていると思うんですよ。

武笠　自由なのがガチャガチャの面白さですよね。参入障壁が低いということもありますけど、時流の流れではないものもあえて出すこともできちゃう。それが大事ですよね。「俺が好きなんだ」という企画のほうが、お客さんに届くと思うんですよ。

坂本　共感して参加するみたいな動きがガチャガチャにはありますよね。SNSの投稿を見て「いいね」をするように、回すことが共感になる。そういう遊び心があるもの、割と馬鹿なことを言ってくれたほうがお客さんも乗りやすい。

武笠　やっぱりちょっとひねった面白さがあるものをつくりたいですし、お客さんが想像力を働かせてくれる双方向性のあるものを提供したいですね。

坂本　僕ら自身がガチャガチャ好きだということもあるよね。たぶんプレーヤー意識があるから、こういう商品が生まれるんだよね。

武笠　そうでしょうね。ガチャガチャはみんな知っていて、「楽しいもの」という漠然としたイメージを、ガチャガチャをやったことがない人でも持っていることが多いですし。

——これからザリガニワークスとしての抱負はありますか。

武笠　やっぱりヒットを出したいですよね。僕らはアイデアを提供する側なので、メーカーさんに喜んでもらえるよう、大ヒットを出したいといつも思ってアイデアを出していますね。

ワークショップで、実際のガチャガチャを再現

——お二人は創作活動とは別に、これまで10年以上にわたって美術系大学や専門学校で企画やキャラクターデザインの講義を行ったり、ガチャガチャを題材にしたワークショップを実施されたりしていますね。ワークショップではプレゼンテーションの日に、実際のガチャガチャのマシーンを使って100円玉を入れて回す投票形式で売上を競わせるということですが。

坂本　そうです。学校側が僕らに依頼してくださるのは、短時間でお客さんから共感してもらわなければならないグラフィックデザインや広告などの世界と、売り場で一瞬にしてお客さんとコミュニケーションして回してもらうというガチャガチャの世界に共通するものがあるからかもしれないですね。

——なるほど。生徒さんに、お二人みたいになる秘訣なども教えられたりしているんですか。

武笠　いや全然。僕らは「僕たちみたいになってくれよ」とは1ミリも思っていないので（笑）。

——お二人にもゲストとして参加していただいていますが、私が年に数回開催するガチャガチャのイベントに来られる方、とくに学生さんの中にはお二人のようなクリエイターになりたいという人が多い気がします。

坂本　単純に楽しそうに見えるんでしょうね。た

ブシロードクリエイティブの新ブランド「TAMA-KYU」よりリリースされた「石」シリーズ。一見、本物の石にしか見えないが、プラスチック製で中は空洞、小物入れや机のインテリアなど様々な用途に使える。

だ、秘訣ではないですけど、僕らが教えている以上、伝わってほしい理念みたいなものはあります。それは、説明や説得など大人の都合でそれっぽくまとまった企画で安心しないでほしいということです。お客さんが本当に自分の勝手で、自分が楽しいから商品を買っているということの結果として、会社が儲かったり、世の中が良くなったりするという仕組みをつくっていってほしいなという気持ちはありますね。

クリエイター志望者へのメッセージ

――最後に、これからガチャガチャを始めたいクリエイターの方向けのメッセージをお願いします。

武笠 これだけガチャガチャへの参入メーカーが増えているのは、市場の拡大だけでなく、「楽しいことをしたい」とか「自分の好きな世界で生きていきたい」という価値観が生まれてきているからだと思うんです。若い人たちのなかに「自分たちの地に足に付いた生活の中で、楽しいことや自分だけの楽しみを持ちながら暮らしていきたい」という願望を持つ人が増えてきて、そういう人たちとガチャガチャ業界はつながっていると思います。そういう楽しみを提供し続けているガチャガチャ業界を僕は素晴らしいと思っていて、そこに行きたい人が増えることを信じてやっていきたいですね。もちろん、儲かるに越したことはないですが。

坂本 「儲かる」が中心にはないですよね。儲けるならもっと効率がいい仕事があるし。それよりも断然「面白い」という意識からやっていることという気がします。

「カプセルアドベンチャー」。奇譚クラブより2017年リリース。昨今のカプセルレスムーブメントの先駆け(?)として、既存のカプセルをコックピットに見立てて組み換え遊びができる画期的な商品企画。

Interview 4

シリーズ累計250万個ヒットの「神獣ベコたち」発想のヒントは〝ギャップ萌え〟

乙幡啓子（おつはた・けいこ）

妄想工作家、株式会社妄想工作所代表
1970年群馬県生まれ。津田塾大学卒業。工作ライターとして「デイリーポータルZ」「フィギュア王」などの媒体で工作記事を執筆。また、妄想工作所名義で雑貨やカプセルトイ、オリジナルキャラのフィギュア製作、「トリィネコ」などご当地キャラクターデザインも手がける。

ウェブメディアで〝クスリと笑える〟ユニークな雑貨を発表し続けていた乙幡さんが、ガチャガチャの世界に参入したのは比較的最近のことです。ガチャガチャと自身のクリエイティビティは相性が良いと語る乙幡さんに、商品企画でこだわっている点について聞いてみました。

ガチャガチャの仕事に入っていったきっかけ

――乙幡さんがガチャガチャの世界でも活動されるようになったきっかけは何ですか。

乙幡　私は元々工作ライターとして記事を書いていたのですが、「ほっケース」（魚のホッケとケー

スを掛け合わせた雑貨）など反響のあったものを商品化して売っているうちに、奇譚クラブさんとのご縁ができました。ガチャガチャの世界に入ったのは、それからですね。

現在はガチャガチャの仕事が7割

――現在やられているお仕事の中で、ガチャガチャの比重はどのくらいですか。

奇譚クラブから2012年にチェーン付きマスコットがガチャガチャとしてリリースされた「ほっケース」シリーズ。

乙幡　もう7割くらい行っていますね。以前はそれほどではなかったので、それだけガチャガチャの市場が広がっているということですね。

――現在、ガチャガチャを通じて乙幡ワールドがどんどん広がっているというイメージがあります。

乙幡　ガチャガチャで自分のつくったものを見てみたら、やっぱり何か幸せな感じがしますよね。「おかしさ＋かわいさ」に加えて「ほどよくリアル」という領域は私にも掘りようがあると思って、趣味でいろいろキャラクターをつくったりしているところです。

――商品の企画を考えるのは大変だと思うのですが、それはどういう形で生まれてくるものなのですか。

乙幡　下世話な話、食いぶちというか、明日のご飯を食べるために必要なことを今やらないといけないということで、スマホにネタを溜め続けています。「このネタはあそこの会社が話を聞いてくれそうだな」みたいなのが浮かんだら、提案するようにしています。10個提案して1個しか採用されなかったり、全部ボツだったりすることもあります。

——何か特別な発想方法があるんですか。どうすればクリエイティブなことが発想できるのでしょうか。

乙幡　自分でも「おっ」と思えるネタが出てくる考え方というのは、逆の発想をくっつけることですね。たとえば、「ベアリングマ」という商品は、

2021年にSO-TAからガチャガチャ版がリリースされた「ベアリングマ」。

工業的用途でおなじみのベアリング（回転を支える軸受け部品）と木彫りの熊の置き物を合わせたときに「こんなおかしなものが生まれる」という〝ギャップ萌え〟がアイデアのベースになっています。

——なるほど。その〝ギャップ萌え〟というのは、ガチャガチャであるからこそ実現できる気がします。

乙幡　それはすごくあると思います。だから私は、他の雑貨と比べて、ガチャガチャのアイデアを考えるのが得意なのかもしれないです。それから、ライター時代に常に工作ネタを探していたので、そのときの経験が生きているかもしれないですね。

ガチャガチャは知的？

——乙幡さんの作品を見ていると、ガチャガ

チャって、意外と知的なものだと思うんですよ。UFOキャッチャーのプライズ（景品）にはあまり知的さを感じないんですよね。ガチャガチャはカプセルの中身をつくり込むのがすごいなと。一方で、面白いと思う人と面白くないと思う人の感覚の違いも面白いですよね。「神獣ベコたち」が面白くないという人もいるわけですね。そのギャップがすごく面白い。

乙幡 私も全人類に自分の作品の面白さをわかってほしいとは全然思っていなくて（笑）、むしろ自分の半径数メートルにいる身近な人の間ですごく話題になってほしいみたいな気持ちがあります。

――でも乙幡さんの作品は面白いですよ。「なんでこんなこと考えるんだろう」と思って、みんな面白がってくれています。

乙幡 その辺は1人でやっている強みですね。大きな企業では冒険的な企画は難しかったりするかもしれないので。

シリーズのラインナップを考えるのが一番楽しい

――ガチャガチャは「何が出るかわからない」というエンターテインメント性が特徴なのですが、クリエイターとしてラインナップの構成で心がけていらっしゃることはありますか。

乙幡 シリーズとして「揃えたくなる」という統一感ですね。コンプリートして並べたときに使ってもらう背景とかを考えます。たとえば、ガチャガチャを買う女性はデスクワークを

している人が多いと思うのですが、そういう人がデスクトップにどう置いて、どんなときに置くのか。癒されたいときなのか、人に見せたいのか、人にあげたいのか。そういうことは何となく意識していますよね。

2019年にクオリアからリリースされた「神獣ベコたち」シリーズ。福島県の郷土玩具「赤ベコ」と世界中の神獣が合体した"ギャップ萌え"で累計250万個の大ヒット。

——1シリーズで5から10個のラインナップを考えるのは大変ですよね。

乙幡　でも面白いですよ。私の場合、ラインナップを考えるときが一番楽しいかもしれない。これこそガチャガチャの醍醐味。1つひとつの商品について考えつつも、集団的な面白さを味わえることにすごくはまっている気がします。

——乙幡さんにとっては、ガチャガチャ自体が1つの作品なんですね。

乙幡　本当にそうです。商品群としての作品を考えるのがすごく楽しくて、それは増殖していく。自分の作品が増えていくというのは、すごくカタルシスですよね。

ガチャガチャクリエイターになりたい後進へのメッセージ

——魅力的なオリジナルのガチャガチャが増えてきて、クリエイターの中には乙幡さんに憧れる人が多いと思うんですよ。そういう方々に対し、「こういうふうにやれば私みたいになれるよ」というアドバイスはありますか。

乙幡　やっていて楽しいかどうかはやっぱり大切ですよね。私も考えすぎて、１つのネタがごちゃごちゃしちゃったりした経験が何度もあるのですが、多くの人々に「受けるネタ」というのは、すごくシンプルに楽しいものだと思います。

――狙わずにシンプルに自分が面白いものがヒットするということはやっぱりあるんですかね。

乙幡　「ほっケース」って、見た目は干物そのまんまなのですが、それを開いたり閉じたりするのが楽しいとか、そういう原点をいつも考えるようにしています。

――ガチャガチャのイベントをやっていると、「クリエイターになりたい」という人たちが乙幡さんのところに集まるじゃないですか。そういう人たちにどういうアドバイスをされるんですか。

乙幡　何か面白いネタがあるなら、ＳＮＳや物販イベントなどをフル活用して、恥を捨ててどんどん発表して場数を踏みましょう、みたいなことですかね。

――熱量というか、「ガチャガチャがやっぱり好きだ」という愛がないと、プロのクリエイターになるのはなかなか難しいですよね。

乙幡　あとは自分のつくっているものへの愛。「これ、絶対面白いはず」と思っているのだったら、いろんな会社へ持ちこめばいいいと思います。

APANESE
APSULE TOY GACHA

Welcome to
NRT
Terminal3

スマートガシャポン
SMART GASHAPON®
キャッシュレスで買える!
BANDAI

第４章

カプセルレス、キャッシュレスも登場！進化を続けるガチャガチャビジネス最新トレンド

1 「カプセルレス」「紙カプセル」が登場！ガチャガチャでも始まったSDGs

ガチャガチャだからこそ考えなくてはならない問題

この章では、ガチャガチャビジネスの世界で現在起こりつつある新しいトレンドについて紹介したいと思います。まずはガチャガチャとエコロジーの関係です。

１９６５年にガチャガチャが初めて日本に登場してから現在に至るまで、カプセルの中身や購入層などは大きく変わりましたが、中身がプラスチック製のカプセルに入っているというスタイル自体に変化はありません。

しかし、プラスチックの原料である石油は有限の資源であると同時に、自然界では分解されません。ＳＤＧｓ（持続可能な開発目標）の観点から、プラスチックごみの問題が近年、国際的にも大きくクローズアップされて、飲料のペットボトルのリサイクルや、スーパーのレジ袋の有料化、外食産業でプラスチック製のストローを紙製に代替する取り組みが進んでいるのは、みなさんもよくご存じのとおりです。

このような社会の動きに合わせて、ガチャガチャのカプセルについても、リサイクルの促進、およびそもそもカプセル自体を使わないかパーツの一部にするような商品の登場、プラスチック製を代替する別素材への検討などの試みが始まっています。

すでにショッピングモールなどのガチャガチャコーナーにはカプセル専用のリサイクルボックスが置かれるようになりましたし、各専門店チェーンも不要になったカプセルのリサイクルを促すための工夫を店内に導入しています。

低価格を前提にするガチャガチャの場合、コスト的にはプラスチック製のカプセルが最適だったわけですが、ペットボトルやレジ袋などのように社会問題化する前に、業界各社でリサイクルの動きが始まったことは喜ばしいと思います。

カプセルレスの動き

また近年、カプセルそのものを使わない、あるいはカプセル自体を商品を構成するパーツとすることでカプセルの使用を減らすカプセルレスの商品も少しずつ出てくるようになりました。

たとえば、バンダイのヒット作である「いきもの大図鑑」シリーズでは、ダンゴムシが驚くと丸くなる性質を逆手に取ったダンゴムシのフィギュアを出して話題になりました。すなわちダンゴムシが丸まった状態でマシーンから出てくるというものです。また。同シリーズのスズメバチは組み立て式を採用して完成後はカプセルがディスプレイスタンドになるというアイデアで、従来ガチャガチャの商品開発上のネックであった「カプセルサイズ以上のものはつくれない」という制約を打破することにもなりました。もう

カプセルレス商品の例。バンダイからリリースされた「いきもの大図鑑」シリーズのスズメバチ（左）はカプセルが台座になり、奇譚クラブからリリースされた「やきとリング」（右）はフタをした状態でマシーンから出てくる。いずれもカプセルを無駄にしないか、そもそも使わない工夫が凝らされている。

ひとつ、奇譚クラブのヒット作「おにぎりん具」もおにぎりをそのままカプセル代わりにすることで、カプセルレスを実現しています。

現在のガチャガチャ市場全体の中で、カプセルレスの商品が占める割合は決して多くはありませんが、今後も少しずつ増えていくと思われます。

紙カプセルも登場

そして　カプセルの材料をプラスチックではなく、紙で代替するという動きも出ています。

たとえば、バンダイは「マプカ」というバイオマス素材（紙パウダー51%、ポリプロピレン49%の混成）を使った紙カプセルを使ったカプセルを2022年6月から一部の商品で使い始めています。

また、ケーツーステーションは、段ボールメーカーであるレンゴー、およびパルプ射出成型技術で

紙カプセル「ecoポン」。プラスチックを一切使わずにでんぷんとパルプのみでつくられている。

特許を持つ大宝工業との３社共同開発で、でんぷんとパルプのみで製造されプラスチックを一切使用しない紙カプセル「ｅｃｏポン」をつくり、「くら寿司」の「ビッくらポン」で使用を始めました。この「ｅｃｏポン」は資源ごみとして出せばリサイクルが可能で、一般ごみとして焼却しても有害物質が出ません。私が代表を務める日本ガチャガチャ協会でも、各メーカーに働きかけて採用を呼びかけています。

ガチャガチャの市場が今後ますます拡大するにつれ、プラスチック製カプセルの問題もそれに伴ってクローズアップされるようになると思います。カプセルレスも新材料もプラスチックよりもコスト高であるため、中小企業が多いガチャガチャ業界にとってすぐには取り組みにくい問題ですが、世の中がこれだけ脱プラスチックに動いていて、消費者の意識や国際的な関心も高まっている以上、ガチャガチャだけが例外というわけにはいかないと思います。

2 もうコインは要らない？キャッシュレスガチャの動き

デジタルガチャの時代

ガチャガチャの基本スタイルの変化という意味では、前述したプラスチック製カプセルのリサイクルやカプセルレス、紙カプセルの導入以外にもうひとつ、コイン（硬貨）を入れて回すという前提が変わる動きも出始めています。

ガチャガチャはコインを用いることが前提であるがゆえに、ある意味で制約が多かったと言えます。メーカーにとっては100円単位でしか値段設定ができず、消費者にとっては小銭がなければ両替しなくてはならないといったものです。もちろん、このコインを握りしめてマシーンに向き合い、1枚1枚投入してハンドルを回すという部分がまさに「コト消費」であったわけですが、世の中がキャッシュレスに向かう中、手元にコインがなくてもすぐに回せることで消費者にとっての利便性を高めたり、メーカーも細かな価格設定ができたりするなどのメリットを模索するようになっています。

すでにバンダイはＱＲコードや「スイカ」などの交通系ＩＣカードを使ってガチャガチャを回せるマ

キャッシュレスマシーン「ピピットガチャ」。主にイベントやコンサートなどの会場で活用。

シーン「スマートガシャポン」をＪＲ駅構内に置き始めています。価格設定はコインを使った場合と同じになっていますが、スマホやＩＣカードでガチャガチャを回せるという意味で画期的です。

ピピットガチャ

私自身が関わっているキャッシュレスの動きには、株式会社ソニックジャムと株式会社ｆｕｎｂｏｘが共同で開発した「ピピットガチャ」というマシーンを使ったプロジェクトがあります。

この「ピピットガチャ」はＱＲコードで回せるマシーンで、ＬＩＮＥ ＰａｙやＰａｙＰａｙなどの各種ＱＲ決済サービスを使えるＰａｙモードと、オリジナルのＱＲコードを発行して販促やＰＲ、集客などに使えるＱＲモードの２つの機能があります。

私をこのマシーンを次項で説明する「街ガチャ」

に導入していたりしていますが、もっと他に利用できないのかと考えています。

実はこの「ピピットガチャ」を全日空グループの「ANA Blue Base」という一般でも見学可能な総合訓練施設のショップに置けないかという話がきました。これは、整備作業で出た廃棄部品をアップサイクルし、ガチャガチャの内容物としたものです。カプセルの中身は、シートベルトのバックル、コックピットのスイッチ、そして地元の町工場とのコラボレーション企画として生まれた「ひこうきぶひんアニマルズ」などが封入されています。また、カプセルに付属の説明書にあるＱＲコードを読みとることで、部品にまつわる様々なエピソードを知ることができます。

ここでは「ピピットガチャ」を使ってＱＲコードでガチャガチャをすることができます。７８７円という値段は、ボーイング７８７に因んだものです。２０２３年3月から始まったばかりの取り組みですが、こういった形で「ピピットガチャ」の可能性があるのかなと思っています。

それから、ライブ会場にもこの「ピピットガチャ」は置かれています。カプセルの中身はライブをやっているアーティストの缶バッジなどのグッズです。では何をすればこのガチャガチャができるかというと、ＷＯＷＯＷと提携していて、会場でＷＯＷＯＷに加入するとガチャガチャをする権利がＱＲコードで送られてきて、会場に置かれている「ピピットガチャ」を1回回せるというしくみです。

「何が出てくるかわからない」という、このガチャガチャのしくみはやはり面白く、まだまだ広がる可能性があると思います。まだやり始めて1年ぐらいですが、コロナがなければもっと早く始めていたでしょう。近年ではようやくコロナも落ち着き、各種イベントが増えてきたので、こうしたマシーンがもっと広がる可能性があると考えています。

デジタルスタンプラリー

もうひとつ現在開発中なのが、デジタルスタンプラリーです。普通のスタンプラリーはアナログでスタンプをもらって、最終的にガチャガチャの専用メダルをもらって回すケースが多いですが、このデジタルスタンプラリーは、店舗ごとに置いてあるＱＲコードを集めてコンプリートした際に、最後にガチャガチャを回して景品がもらえるようなしくみです。

これもデジタルとアナログのミックスで、たとえばショッピングモールで子どもがＱＲコードを集めたときに最後に「ピピットガチャ」を回せるようにして、お客が色んなお店を訪問するようにするなどの方法を考えています。

他には、お散歩のアプリで、チェックポイントのときに全部チェックが入って、最終的にゴールインするとＱＲコードが発券されて、「ピピットガチャ」がやれるみたいなことができないかなと考えています。

3 ガチャガチャで町おこし？日本各地で始まっている「ご当地ガチャ」の取り組み

ガチャガチャは盛り上げの手段として最適

現在、日本各地で「ご当地ガチャ」と呼ばれる、地域活性化にガチャガチャを用いる試みが行われています。これは観光客に喜ばれる商品から地元民だけが知るローカルなネタまでを広く題材に取り上げてガチャガチャの商品化を行い、外部向けには地域の魅力の発信、内部向きには地元愛の醸成を図ろうというものです。これらの活動の多くはメーカーやオペレーターが関与しているものではなく、それぞれの地域の企業や観光協会、有志グループが自主的に取り組んでいるものです。

ご当地ガチャには決まった定義があるわけではなく、ガチャガチャ市場のデータに反映されるわけでもありませんが、このような草の根的な試みが気軽にできるのもガチャガチャの面白いところです。

ご当地ガチャブームの先駆けと言われるのは、2021年3月に埼玉県さいたま市の大宮区で、大宮駅周辺の観光スポットや老舗店などをアクリルキーホルダーにして地域限定で販売した「大宮ガチャヤタマ」だと思います。これは大宮駅前西口で商業ビルを展開する株式会社アルシェの中島祥雄社長が始めた試みです。当初、月に１０００個売れればいいと思っていたのが、ＳＮＳ上で大好評となり、ついには第5弾まで出て累計１４０万個売り上げるほどの人気になったということです。

私の知っている別の事例としては、富山県富山市の奥田神社が参拝者に楽しんでもらうことを目的に、２０２０年のお正月に同神社の縁起物が当たるガチャガチャのマシーンを設置したというものがあります。すべてのカプセルに「無病の飴」を入れたほか、３分の１のカプセルに病気に効き目があるとされる境内の湧水を使った純米吟醸酒「さら宮」か、本尊である「八咫烏（ヤタガラス）」を模したダルマのいずれかが当たる紙を入れており、用意した３００個のカプセルはあっという間に完売したということです。実は宮司の二宮宮司さんはガチャガチャファンで、カプセルの中身をセットするのもすべてご自分でやったということで、微笑ましいですね。

また、愛媛県宇和島市にある宇和海真珠株式会社が２０１９年から始めた「あこや真珠ガチャ」も、高級宝石である真珠が１０００円で買えるということで話題になりました。

「街ガチャ」「地元ガチャ」の取り組み

実はかくいう私自身も、ガチャガチャの仕組みを使った地域起こしの活動に関わっています。

まず、出身地である千葉県船橋市の船橋観光協会と日本ガチャガチャ協会のコラボという形で、地域の魅力の再発見を目的に、市内の名所を船橋在住のイラストレーターが描き起こしたアクリルキーホルダーを販売する「街ガチャ.in船橋」というプロジェクトを２０２１年10月から始めました。これは市内23カ所（店

右上　「街ガチャin船橋」第3弾で採用された船橋市内の名所や名店などをモチーフにしたキーホルダー。
左　千葉県船橋市で行われたイベントでの「街ガチャin船橋」の模様。
右下　「地元ガチャ」第1弾に選ばれた京成立石駅前の飲食店をモチーフにしたキーホルダー。

舗、ショッピングモール、コンビニ、公園、船橋観光協会など）にマシーンを置き、1個300円で販売しました。

　このプロジェクトのもう1つの特徴は、コロナ禍での実施ということで前節で紹介した非接触のキャッシュレスマシーン「ピピットガチャ」を採用して完全キャッシュレス決済にしたほか、生分解性プラスチックのバイオカプセルを使用していることです。このプロジェクトは幸いにも大好評で現在第4弾まで進んでいます。

　私はこの「街ガチャin○○」の座組みを全国に広げたいと思っており、すでに街ガチャin本牧」「街ガチャin上野」「街ガチャin糸魚川」が始まっています。

　それから「街ガチャ」とは別に、実施する場所を市から地域に絞った「地元ガチャ」というプロジェクトも進めています。これはその商店街や観光地でしか手に入らない特別なグッズをガチャガチャで販売し、観光客に思い出として持ち帰っていただくという取り組みです。

第一弾である「立石ガチャ」は、東京都葛飾区にある京成立石駅前のいわゆる「せんべろ」と呼ばれる飲食店街をモチーフにしたアクリルキーホルダーを売るというものです。実はモチーフになった飲食店街は私がタカラトミーアーツ時代に大変お世話になったところですが、その多くが再開発で閉店することとなり、メモリアルとして残したいという思いでガチャガチャにしたものです。新しい町おこしということにはなりませんが、古き良き時代の庶民的な飲食店の姿を残すことができるのも、ガチャガチャのいいところだと思っています。

「街ガチャ」と「地元ガチャ」。自治体関係者でガチャガチャを使った町おこしに興味のある方は、ガチャガチャのノウハウやマシーンの提供までトータルにサポートするので、ぜひ日本ガチャガチャ協会にお声がけいただければと思います。

4 もう日本人だけのものではない！世界に広がる日本のガチャガチャ文化

訪日外国人にとってガチャガチャは必須ポイントに！

新型コロナウイルス感染症収束後のインバウンド需要の回復も、今後のガチャガチャ市場の拡大を語る上で重要なファクターです。多くの外国人が訪れる東京の浅草や新宿、池袋、渋谷などにある専門店や、駅や空港の中に設置されたコーナーで、ガチャガチャに興じる多くの外国人旅行者を見つけることができます。

なぜ外国人に日本のガチャガチャが人気なのかというと、理由はいくつかあります。

1つ目は、現在の世界で、日本のようにガチャガチャのマシーンが至るところに置かれ、しかも膨大な種類の商品が供給されている環境は他にないからです。ガチャガチャ自体は世界各国にあるものですが、商品のクオリティの高さやバラエティの広さにおいて、とても日本の比ではありません。ガチャガチャが好きかどうかに関係なく、日本に来た以上は誰でも一度チャレンジしてみたくなるのです。

2つ目は、300円という現在のガチャガチャの中心価格帯は、円安であることも手伝って、外国人の目には非常にコストパフォーマンスの高いものに映ります。こんなに精巧なものがこの価格で手に入るなんて信じられないというわけです。安価に加えてカプセルサイズなのでお土産としても最適です。

すでにインターネットを通じて、日本のガチャガチャの多彩さや精巧さは世界中に知られており、現代日本のカルチャーのひとつとして認識されています。ガチャガチャは日本に行ったら必ず立ち寄るべき観光スポットになっているのです。

成田国際空港の第二ターミナルにあるガチャガチャコーナーには、「あまった小銭をオモチャに！」あるいは「なぜか日本で売れてます。」というキャッチコピーが書かれた、旅行者にガチャガチャ体験を促すためのプレートがありますが、すでにガチャガチャは余った小銭を使い切るための手段ではなく、現代日本を楽しむために積極的にお金を落としてもらえる場になっています。

海外ガチャガチャ事情と日本のガチャガチャの海外進出

旅行者に人気の日本のガチャガチャですが、海外ではどのような状況なのか、あるいは日本のガチャガチャが海外に進出しているのかについて知りたい方もいるでしょう。

第１章で説明したように、ガチャガチャの原型は１８８０年代のアメリカで生まれました。しかし、日本でガチャガチャが大人を含む広範な市場を形成し、商品クオリティもハイレベルになったのとは対照的に、本家アメリカのガチャガチャは子ども向けの安価な玩具のままであり、商品のクオリティもあまり進歩せず、結果的に売り場もスーパーなどに限られて、大きなビジネスになってはいません。

この背景には、ガチャガチャがコインビジネスであることが大きいと思います。日本では100円硬貨や500円硬貨が自販機で普通に使われていますが、アメリカで自販機やコインランドリー、ガチャガチャなどでよく使われているコインは25セント硬貨（約35円）であり、1ドル以上の買い物は紙幣やカードを使うのが一般的です。現在アメリカのガチャガチャは25セントか50セント（25セント硬貨を2枚使用）であり、価格的に日本のような高品質なものはつくれないのです。私は前職でアメリカ進出を担当した際、当時1ドル（25セント硬貨を4枚使用）のガチャガチャを売り出そうとしましたが、市場には受け入れられませんでした。また、アメリカには日本のように国全体をフォローする代理店が存在しません。

一方、巨大市場である中国では、バンダイが注力した結果、ガチャガチャ市場は急成長しています。中国もコインの最高額が1元（約20円）と低いため、実際にガチャガチャを回す際は両替機で専用コイン（トークン）を購入するのが一般的でしたが、近年のキャッシュレス化の波でスマホでの決済が一般化しており、その意味では日本より進んでいます。

また、バンダイナムコアミューズメントは、専門店「ガシャポンバンダイオフィシャルショップ」をすでにイギリスに3店舗、アメリカに3店舗、アジアに7店舗（マレーシア、タイ、香港、中国）出しており、海外進出に積極的です（2023年7月31日現在）。

このように流通システムの違いやコインの価値の違い、そもそもガチャガチャ（カプセルトイ）に対する認識の違いなどによって阻まれてきた日本のガチャガチャの海外進出ですが、インバウンド旅行者による情報の拡散や世界的に進むキャッシュレス化の動きによって、少しずつ突破口が見えてきた感があります。

◀成田国際空港第二ターミナルのガチャガチャコーナーに書かれた7カ国語の表示。

▼台湾のガチャガチャマシーン。台湾のコイン最高額は50新台湾元（約225円）なので日本と同じ値段設定ができる。

アメリカ国内で見かける一般的なガチャガチャのマシーン。

▶中国の上海にあるガチャガチャコーナーの様子。

▼中国語でガチャガチャは「扭蛋」（ニウダン）と呼ばれる。

巻末対談

ガチャガチャが日本を救う！
～ガチャガチャに学ぶ、今後のビジネスヒント～

森永卓郎（経済アナリスト）×小野尾勝彦

本書の最後は、森永卓郎さんとの対談をお届けします。著名な経済アナリストとしてメディアで活躍中の森永さんですが、一方でガチャガチャを含む様々なグッズのコレクターとしての顔をお持ちです。最近のガチャガチャ市場の分析から、未来像、そして日本経済に与える影響について、ざっくばらんに意見交換させていただきました。

場末のビジネスから一等地のビジネスへ

小野尾　現在のガチャガチャ市場の盛り上がりを、森永さんはどのようにご覧になっていますか。

森永　私の世代からすると、ガチャガチャは裏稼業だったわけですよね。その裏稼業から表稼業に大転換したということ。それから子ども向けのマーケットからオタク向けのマーケットに行って、さらに女性を中心とする幅広いマーケットに変わった。つまり、場末のビジネスから表の一等地のビジネスに変貌を遂げつつあるということだろうと思います。もっとも、私が子どもだった時代は、滅茶苦茶な世界でしたね。その辺に落ちている石ころをカプセルに入れて、「月の石」だと言って売ってしまうのが平気だった時代。今だったら即刻逮捕です。でも、あれはあれで楽しかった（笑）。

小野尾　1970年代はまさにカオスという感じでした。ほとんどが偽物でしたね。バンダイが参入してきた1977年以降、ようやく偽物を駆逐する動きが出てきました。

森永　加えて、1985年にプラザ合意があって急激な円高になっていくんですね。海外で安くつくれるようになったことも、ガチャガチャにとっ

森永卓郎(もりなが・たくろう)
1957年東京都出身。東京大学経済学部卒業後、日本専売公社、日本経済研究センター、経済企画庁総合計画局などを経て、1991年から三和総合研究所(現三菱UFJリサーチ&コンサルティング)の主席研究員を務める。2006年、獨協大学教授に就任。専門分野はマクロ経済学、計量経済学、労働経済。メディアに多数出演しており、その鋭いコメントやわかりやすい解説が好評。最近は『ザイム真理教』(三五館シンシャ刊)がベストセラーに。

て追い風だったと思います。

小野尾　1983年にキン肉マン消しゴム(キンケシ)が大ヒットしましたが、当時は無彩色でしたからね。それが中国の工場でつくられるようになってから、フル彩色になりました。

森永　私が自分のコレクションを公開しているB宝館でも、キンケシが棚一本分並んでいるのですが、やっぱり色がついていないと見栄えはそれなりなんですよ。高品質と安いコストを両立させることができるようになったのがすごく大きい。

「ガチャガチャの森」での驚き体験

森永　そうはいっても、ビジネスとしてはあくまでも空きスペースの有効活用としての側面が強く、近代的経営にはまだなっていなかったと思います。でも、数カ月前に『がっちりマンデー!!』(TBS系列)の取材で「ガチャガチャの森」に行ったのですが、驚いたのは、ガチャガチャを回した数を全部カウントしているということでした。

小野尾　何がどのぐらい売れているかをＰＯＳで全部管理しているということです。

森永　データに基づいて補充していくから、マシーンが空になってしまうことはない。売れ残りもほとんどないという。それから、入口近くには猫シリーズなど女性が買うようなアイテムを並べて、奥のほうにオタク向けアイテムを並べている。理由を尋ねたら、「オタクが店前を占拠していたら、女性が入りにくいじゃないですか」と言われて、「そりゃそうだ」と思いました。あそこまでいくと、完全に表のビジネス。要するに、ショッピングモールに入っているブランド店と同じような地位を築いたというのがすごい。同時に、昔を知っている人間からすると、「いやあ、こんなに変わっちゃったんだ」と思いましたね。

小野尾　ガチャガチャがこのようになると思っていらっしゃいましたか。

森永　いや、全然思っていなかったです。私の中では、ガチャガチャはあくまでもオタクのための存在であり、女性客が主流になるなんて夢にも思わなかったですね。女性のお客さんたちにも話を聞いたのですが、ガチャガチャを回すためにわざわざショッピングモールに来ると言うんですよ。こんな時代が来たかと、びっくりですね。

小野尾　専門店に来ているカップルは、彼女が彼氏を連れてくることが多いんですよ。男性のほうが意外と最近のガチャガチャのことを知らなかっ

たりして、真逆になっちゃったんですね。

森永 「ガチャガチャの森」は照明がすごく明るくて、綺麗かつお洒落にレイアウトされていますね。オタクの発想としては、スペースが空いていたら埋めたくなるので、私が店舗設計をしたら、B宝館のように天井までびっしり棚で埋めてしまいます。「ガチャガチャの森」も最初の頃は天井まで並べていましたが、今はやめてオタクっぽく見せないようにしているそうです。

小野尾 ガチャガチャの専門店はそれ以前からあったのですが、「ガチャガチャの森」のように明るさを基調とする店舗はなく、マシーンが殺伐と置かれているだけでしたね。もっとも、森永さんが言われる「場末感」は私も好きで、ガチャガチャって本来はB級なものだと思っていました。だからA級になることについてはどうなのかなと思いつつも、面白いと思ってウォッチし続けているんですけどね。

森永 昔は中身もB級だったのですが、最近はこのレベルまでいっちゃったから、とてつもない進化ですよね。

小野 それでも「何が出てくるかわからない」という部分がいまだに残っているから受けているのかなと思うんですが、どう思われますか。

森永 あれがおしゃれだって最近の子は言うんです。ビジネスとして考えた場合、そこはメリットがすごく大きくて、在庫にならないというのはいい仕組みですよね。

小野尾　「何が入っているか」わからないからこそ買う気になる。単品でレジ脇などに置かれていても売れないと思うんですよね。そういった意味でもガチャガチャは面白いなと思います。

これからのガチャガチャ業界はどうなる

小野尾　現在は毎月３００シリーズ以上の新作が出るようになりましたが、森永さんは今後のガチャガチャ市場についてどう見ていますか。

森永　うーん、「妹からの手紙」なんてかなりマニアックなところにテーマを広げてきちゃったから、この後はどうなるんだろうと思いますね。まだネタは無数にあるんだろうけど、マニアックな方向に踏み込めば踏み込むほど、マーケットが狭くなってしまうという矛盾がありますよね。これから企画を考える人は大変だと思います。

小野尾　各メーカーの企画者は、最近は女性が多いんですよ。女性の感性で企画して、それを女性が購入しているという図式だと思います。

森永　マニアックな方向ではなく、表稼業のところで、これから何を作っていくべきかという話ですよね。

小野尾　最近だと「企業コラボもの」が増えています。ここまで市場が拡大したので企業側が関心を持って「うちの商品をガチャガチャにしてほし

い」というお話をいただくケースが多くなりました。

森永　私は個人的には、どこまで思いつけるかという知的創造力、つまり開発者のセンスが問われていくビジネスになっていくんだろうと思っています。

小野尾　オリジナルものでも、「音もの」など各社で結構似ている商品が増えてしまっているんですね。「今はこういう系が売れるんだろうな」という共通認識に各社とも引っ張られてしまっている気がします。

森永　そこをもう一段突っ込んでひねるという発想力が欲しいなと思います。

小野尾　女性客と専門店の増加が第４次ブームのキモだと思うんです。だから、次の第５次ブームでまた様相が変わるのかなと思っています。

森永　専門店に行って感じるのは、従来のおじさんやオタク層が追いやられたな（笑）と。逆にそういう層に特化した店が出てきてもいいと思いますよ。

「ご当地ガチャ」の可能性

小野尾　あと、森永さんにうかがいたいと思ったのは、私は「街ガチャ」というコンセプトで、地域を盛り上がる活動を最近２年間ぐらいやってい

B宝館
埼玉県所沢市にある森永氏の10万点以上に及ぶミニカーやガチャガチャなどのコレクションを公開する施設。毎月第一土曜日のみオープン（有料）。
http://www.ab.cyberhome.ne.jp/~morinaga/

ます。大宮でご当地ガチャが流行ったことに刺激を受けて、出身地である船橋で、しかもキャッシュレスでやり始めました。今マシーンを市内23店舗や市役所などに置かせてもらっています。船橋の有名な箇所をモチーフにしたアクリルキーホルダーなのですが、それなりに需要があって、初回ロットは1000個ですが、口コミで1シリーズ1万個ぐらいまでは売れています。船橋の人口は64万人ですが、船橋市出身で現在は外に住んでいる人たちにも広まっています。こういう動きが全国的に増えています。

森永　ローカルというのも、今後のひとつの成長分野ですよね。地域の特産物とか名所旧跡などをガチャガチャで楽しめるのはいいと思います。

小野尾　ガチャガチャの「何が出てくるかわからない」特徴を利用したプチエンターテインメント性は、みんなが楽しんでくれるフォーマットだと思っています。

ガチャガチャから日本経済が学べること

小野尾　最後に、これまでガチャガチャの業界やビジネスについてあまり関心のなかった人たちにとって、ガチャガチャから学べる今後のビジネスヒントみたいなものについて、お考えをお聞かせいただきたいのですが。

森永　ガチャガチャのように従来は狭いターゲットを狙ったビジネスでも、一般の人、特に女性が

入ってくるような仕掛けにして、大きく成長させることが可能だということに尽きると思います。多分おじさんの発想から脱却することが、ビジネスを安定的に大きくするための秘訣なんだろうと思います。個人的には寂しいですけどね（笑）。

小野尾　ガチャガチャ市場拡大の要因として、安価で高品質というコストパフォーマンスの良さに加えて、「何が出るかわからない」というエンターテインメント性、SNSなどで自分のコレクションを広められるという情報拡散性などがあると思います。これって今後のビジネスすべてに当てはまる条件ではないかと。そういう意味では、あらゆる業界で働く人たちにとって学びがあるのではないでしょうか。

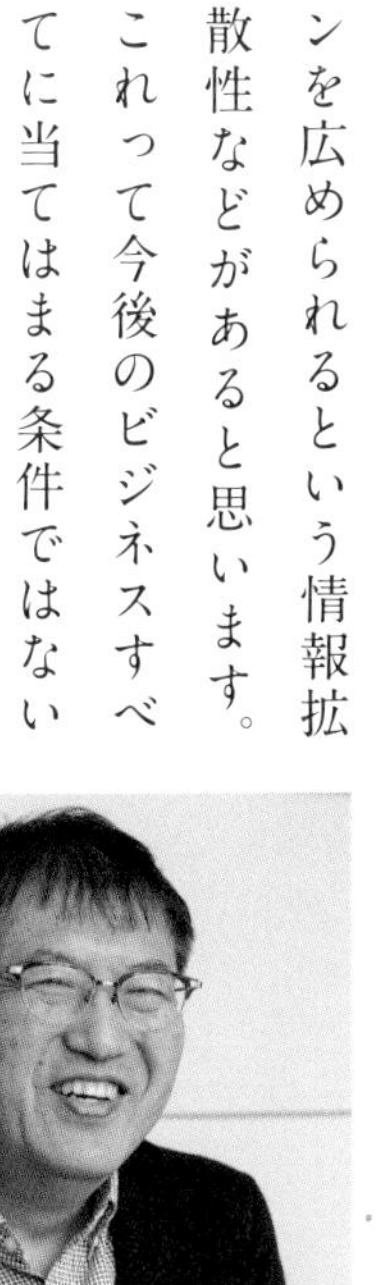

森永　あらゆる業界や業種でガチャガチャを活用することができると思いますよ。自社の商品をガチャガチャで出すのは当たり前だし、タレントやアイドルグループのブランディングも簡単にできますよね。「音もの」を使って、生歌を聴かせることだってできると思います。

小野尾　モノではなく、データも売ろうと思えば、ガチャガチャで売れるんですよね。

森永　NFTのようなデジタルアートも売れるんじゃないですか。普及にはまだ時間がかかるでしょうけど、一度火がついたら、バアーッと広がると思いますけどね。でも、私としては、もう一度おじさん向けにフィーチャーしてほしいな（笑）。

おわりに

本書を最後までお読みいただき、誠にありがとうございました。

本書をまとめるにあたって、これまで約30年間にわたって、自分がガチャガチャのビジネスで学んだこと、知ったこと、驚いたことが次々に脳裏によみがえりました。

私が初めてガチャガチャビジネスの世界に足を踏み入れたとき、同僚は私を入れてたったの3名でした。それが翌年、画期的なマシーン「スリムボーイ」が世に出て以来、ガチャガチャビジネスは幾度かの進化を遂げて、現在に至っています。

30年前に現在の姿を予想できたかといえば、もちろんノーです。私自身がテレビに出演してタレントさんと一緒にガチャガチャ専門店めぐりをするなど、予想できるはずがありません。

この30年の間、様々な方々との出会いがありました。すべてガチャガチャが取り持ってくれたご縁です。そういう意味でもガチャガチャはまさしくメディアであり、コミュニケーションツールなのだと思います。

今後ガチャガチャはどのように進化していくのでしょうか。未来のガチャガチャはコインを使わないキャッシュレスの割合が増えていくでしょうし、商品のバラエティもさらに広がって、もっとユニークになっていくでしょう。

しかし、「レバーを回す」「何が出てくるかわからない」。この2つの要素が変わらないかぎり、ガチャガチャの未来は変わらないと思います。

日本ガチャガチャ協会が年に数回東京で開催するイベント「渋谷ガチャガチャナイト」には、毎回メーカーやクリエイターが登壇し、ガチャガチャ業界の親睦を図っている。写真は2023年6月16日に開催された第3回目の様子。

本書をまとめるにあたって、これまでお世話になったすべての方々に改めて御礼を申し上げます。特に多忙なお時間を割いて、今回の書籍のためにインタビューや対談に応じてくださった方々に心から感謝いたします。

そして、私がガチャガチャの仕事を始めた当時、人手不足のために情報書のオペレーター（代理店）への発送を手伝ってもらって以来、約30年にわたって公私ともに支え続けてくれる妻に心より感謝します。

最後に日本ガチャガチャ協会が掲げる「会員三つの誓い」をご紹介して本書を締めくくりたいと思います。

1．ガチャガチャを心から愛します。

2．ガチャガチャの楽しさをみんなに広げます。

3．ガチャガチャで世界を平和にします。

私の持論のひとつですが、ガチャガチャのある国は平和です。日本で育まれて今各国に広がっているガチャガチャの文化をもっと世界に広げたいと思います。
以上の主旨にご賛同いただいた方々、ぜひ一緒にガチャガチャを盛り上げていきましょう！　よろしくお願いいたします。

小野尾勝彦

〔著者紹介〕

小野尾勝彦
（おのお・かつひこ）

一般社団法人日本ガチャガチャ協会 代表理事
株式会社築地ファクトリー 代表取締役
千葉県船橋市出身。日本のガチャガチャ元年である1965年生まれ。大学卒業後、プラスチック原料の商社勤務を経て、1994年ガチャガチャメーカーの株式会社ユージン（現・株式会社タカラトミーアーツ）に入社し、数多くの商品の企画や開発を手がける。2019年に独立し、現在はガチャガチャビジネスのコンサルティングや商品企画などを行う。現在に至るまで約30年間にわたってガチャガチャビジネスに携わり、業界の歴史やビジネス事情に精通した数少ないガチャガチャビジネスの伝道師として、メディア出演やインタビュー、講演など多方面で活躍中。

一般社団法人日本ガチャガチャ協会
https://jgg.or.jp/

ガチャガチャラボ
https://japangachagachalab1965.com/

ガチャガチャの経済学

2023年9月15日　第1刷発行

著　　者　小野尾勝彦
発 行 者　鈴木勝彦
発 行 所　株式会社プレジデント社
〒102-8641　東京都千代田区平河町2-16-1
平河町森タワー13F
https://www.president.co.jp/　http://presidentstore.jp/
電話　編集（03）3237-3732
販売（03）3237-3731

編　　集　田所陽一
編集協力　山中勇樹
販　　売　桂木栄一　高橋 徹　川井田美景　森田 巌　末吉秀樹
ブックデザイン& DTP　中西啓一（panix）
図版制作　橋立 満（翔デザインルーム）
写真撮影　櫻井文也
制　　作　関 結香

印刷・製本　凸版印刷株式会社

　ISBN978-4-8334-2494-3

Printed in Japan